高等学校电子信息类系列教材

U0626587

电工电子技术实践教程

主　编　莫文贞　余艳青

副主编　许少衡　王小璠

西安电子科技大学出版社

内 容 简 介

电工电子实验是工科院校电路基础、模拟电子技术、数字电子技术及相关课程的实践性环节，是整个教学环节中的重要组成部分。本书包括三大模块：第一模块为电工电子实验必备的基础知识，主要介绍常用仪表、电子元器件和软件；第二模块为实验部分，包括电路基础实验、模拟电子技术实验和数字电子技术实验；第三模块为课程设计部分，包括电子技术课程设计的基本方法、焊接工艺、选题及典型设计题目的实验方案。读者可根据不同的教学要求及实验室条件进行选择。部分实验内容可采用 Multisim 等电路仿真软件进行。

本书深入浅出，虚实结合，适用面广，可作为高等学校本科工科、工程专科及自学考试的电工电子实践课程教材，也可作为从事电子技术开发的工程人员以及广大电子爱好者的参考书。

图书在版编目(CIP)数据

电工电子技术实践教程/莫文贞，余艳青主编.
—西安：西安电子科技大学出版社，2015.9（2023.8 重印）
ISBN 978 − 7 − 5606 − 3840 − 9

Ⅰ. ① 电… Ⅱ. ① 莫… ② 余… Ⅲ. ① 电工技术−高等学校−教材
② 电子技术−高等学校−教材 Ⅳ. ① TM ② TN

中国版本图书馆 CIP 数据核字(2015)第 210639 号

策　　划　邵汉平
责任编辑　雷鸿俊
出版发行　西安电子科技大学出版社(西安市太白南路 2 号)
电　　话　(029)88202421　88201467　　邮　　编　710071
网　　址　www.xduph.com　　　　电子邮箱　xdupfxb001@163.com
经　　销　新华书店
印刷单位　广东虎彩云印刷有限公司
版　　次　2015 年 9 月第 1 版　2023 年 8 月第 6 次印刷
开　　本　787 毫米×1092 毫米　1/16　印张 13.5
字　　数　319 千字
印　　数　15 001～15 800 册
定　　价　36.00 元
ISBN 978 − 7 − 5606 − 3840 − 9/TM

XDUP　4132001−6

＊＊＊ 如有印装问题可调换 ＊＊＊

前　言

本书是根据教学大纲的要求，为电工电子课程专门编写的配套实践教材。本书结合实验室的实际情况，部分传统实验项目沿用张廷锋、李春茂主编的《电工学实践教程》（清华大学出版社 2005 年出版），并进行了修改。书中编写了一些设计性实验项目，介绍了一些现代化仪器及常用软件，突出创新能力的培养。本书侧重科学实验方法的学习，加强基本电工电子实验技能的训练，体现对现代电气工程实验技术的了解，强调学生在整个实验过程中的参与，最终学会综合处理实际问题。

本书的主要特色如下：

◆ 淡化界限

为了培养 21 世纪高科技工程技术人才，使之掌握电工电子信息技术基本理论、基本实验技能，本书淡化了电类与非电类专业的传统界限，把电工学、电工技术、电子技术、电路、模拟电子技术、数字电子技术等课程的实验融为一体，既保留了传统的基本实验，又增加了大量综合性、设计性实验。本书吸收了当前电工电子学的新器件、新技术、新的实验手段与方法。

◆ 强化实操

源于理论，但不限于理论的验证，更注重帮助学生自主完成实验准备、实验详细方案设计、实验进程、实验总结等；将思考题和判断题贯穿于整个实验过程之中；实验内容突出了设计性和综合性，力求避免实验过程特别是实验接线中的常见错误，同时引导学生在实验预习及实验过程中进行积极深入的思考。

◆ 虚实互动

本书基础部分包括常用实验仪器仪表的使用、电路仿真软件及其应用、常用电子元器件的识别等；实验部分包括电路基础实验、电子技术实验；创新部分包括课程设计及相关制作等。部分内容除硬件实验外，还要求用软件进行电路仿真实验，实现虚实互动。同一个实验利用多个方案实现。

本书由莫文贞、余艳青主编，许少衡、王小璠担任副主编。莫文贞编写了第一章、第二章、第七章（除 7.6 节）、4.1～4.6 节及第五章（除 5.2 节和 5.5

节），并负责统稿和定稿；余艳青编写了第六章（除6.7节）并完成了全书的校对修订及部分绘图工作；许少衡编写了第三章和4.7～4.9节、4.14节、5.2节、5.5节及6.7节；王小璠编写了4.10～4.13节；张䶮编写了7.6节。

在本书编写的过程中得到了张廷锋和李春茂老师的帮助，华南理工大学电工理论与新技术教师团队也给予了大力支持，本书的编写同时得益于兄弟院校编写的实验教材及部分网络提供的参考素材，杨婉琪和陈泽宇同学还做了课程设计的调试验证，在此对他们一并表示衷心感谢！由于编者水平有限，书中不足之处难免，恳请读者批评指正，以便再版时改进。

编　者

2015年5月于华南理工大学

电气信息及控制国家实践教学示范中心

目　　录

实 验 须 知

一、实验预习要求

实验前应阅读实验教材（或实验指导书），了解实验目的、实验内容、实验原理和注意事项等，并按要求做好预习报告，上实验课时应携带预习报告，交辅导教师审阅。

预习报告一般包括以下内容：

（1）实验电路及元器件主要参数。

（2）与实验内容有关的定性分析和定量计算。

（3）实验步骤和测试方法。

（4）本次实验所用仪器、设备的使用方法和注意事项。

（5）设计实验数据记录表格。

二、实验报告要求

实验报告应简单明了，语言通顺，图表数据齐全规范。实验报告的重点是实验数据的整理与分析，应包括以下内容。

（1）实验原始记录：实验电路（包括元器件参数）、实验数据与波形以及实验过程中出现的故障记录和解决的方法等。

（2）实验结果分析：对原始记录进行必要的分析、整理，包括实验数据与估算结果的比较，产生误差的原因及减小误差的方法，实验故障原因的分析等。

（3）完成指定的思考题。

（4）总结本次实验的体会和收获，例如对原设计电路进行修改的原因分析，总结测试方法、测试仪器的使用方法、故障排除的方法以及实验中所获得的经验和教训等。

一般，预习报告在实验前完成，实验报告应在实验完成后规定时间内全班统一收齐，写上学号并按次序排好，再交给实验指导老师批阅。

电工实验室安全操作规程

实验室设备大多为用电设备，可能因操作不慎而导致人身安全与设备受到损害，尤其是使用强电实验室必须严格遵守本规程。为了保证实验工作的顺利展开，为师生创造一个良好的、安全的实验环境，在本实验室操作者都必须遵守以下安全操作规程：

一、不准穿拖鞋进入实验室，注意保持实验室的清洁卫生。

二、严格按照仪器操作规程，正确操作仪器。

三、不准频繁开、关仪器的电源开关，一次关机后应等 3 分钟才能再开机。

四、实验室内不准使用明火，就座后不得随意来回走动，以免意外触碰电源、电缆等。

五、禁止带电安装实验线路，实验通电调试时，若发现仪器设备出现故障或异常情况（如有异味、冒烟等），应立即关闭电源开关，拔掉电源插头，并及时向实验指导老师报告。遇到此类情况，实验者不得擅自处理，禁止擅自更换仪器，否则后果自负。

六、实验完毕，必须关闭设备的电源，关好门窗，整理好仪器设备，并打扫卫生，得到指导老师的同意后，方能离开。

七、实验者必须服从实验室工作人员的管理和安排及《实验室管理制度》中有关安全操作的规定。

上述有关规程实验者必须严格执行，如有违反，一经发现，即按国家或学校相关条例进行处理并向有关领导报告，重者追究其法律责任。

第一章　常用实验仪器

1.1　双踪示波器

1.1.1　前面板及显示界面

DS1000E、DS1000D 系列数字示波器面板如图 1.1.1 所示，其中主要包括一些旋钮和功能按键。旋钮的功能与其他示波器类似。显示屏右侧的一列 5 个灰色按键为菜单操作键，通过它们可以设置当前菜单的不同选项；其他按键为功能键，通过它们可以进入不同的功能菜单或直接获得特定的功能应用。

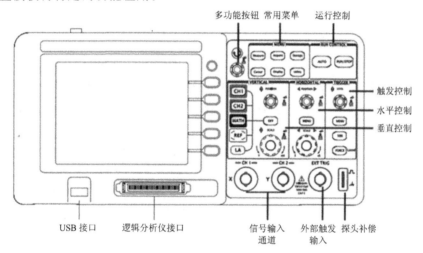

图 1.1.1　DS1000E 系列数字示波器前面板使用说明图

示波器的显示界面说明如图 1.1.2 和图 1.1.3 所示，分别是模拟通道打开和模拟、数字通道同时打开的界面。

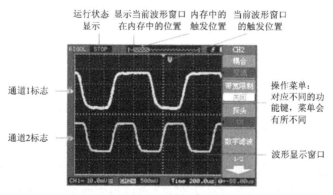

图 1.1.2　示波器显示界面说明图（仅模拟通道打开）

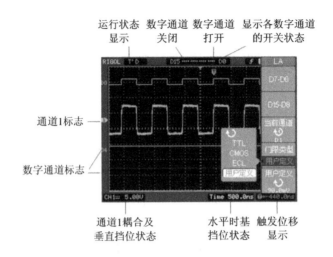

運行状态　数字通道　数字通道　显示各数字通道
显示　　　关闭　　　打开　　　的开关状态

通道1标志

数字通道标志

通道1耦合及　　　水平时基　触发位移
垂直挡位状态　　　挡位状态　显示

图 1.1.3　示波器显示界面说明图(模拟和数字通道同时打开)

1.1.2　示波器接入信号

示波器接入信号的操作步骤如下：

(1) 用示波器探头将信号接入通道 1(CH1)，如图 1.1.4 所示。

将探头连接器上的插槽对准CH1同轴电缆插接件(BNC)上的插口并插入，然后向右旋转以拧紧探头，完成探头与通道的连接后，将数字探头上的开关设定为 10×。探头补偿连接如图 1.1.4 所示。

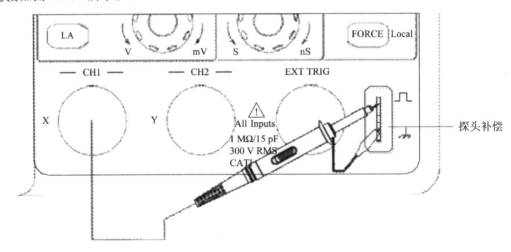

图 1.1.4　探头补偿连接

(2) 输入探头衰减系数。此衰减系数将改变仪器的垂直挡位比例，以使得测量结果正确反映被测信号的电平(默认的探头衰减系数设定值为 1×)。

设置探头衰减系数的方法为：先在探头上设定相应的系数(如图 1.1.5 所示)，再按CH1功能键显示通道 1 的操作菜单，然后按与探头项目平行的 3 号菜单操作键，选择与使用的探头同比例的衰减系数，如图 1.1.6 所示，此时设定的衰减系数为 10×。

（3）把探头端部和接地夹接到探头补偿器的连接器上。按 $\boxed{\text{AUTO}}$（自动设置）按钮。几秒内，可见到方波显示。

（4）以同样的方法检查通道2（$\boxed{\text{CH2}}$）。按 $\boxed{\text{OFF}}$ 功能按键或再次按下 $\boxed{\text{CH1}}$ 功能按键以关闭通道1，按 $\boxed{\text{CH2}}$ 功能按键以打开通道2，重复步骤（2）和步骤（3）。

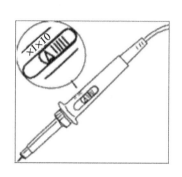

图 1.1.5　设定探头上的系数

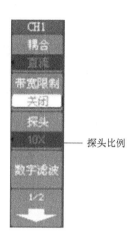

探头比例

图 1.1.6　设定菜单中的系数

1.1.3　波形显示的自动设置

DS1000E、DS1000D 系列数字示波器具有自动设置的功能。根据输入的信号，可自动调整电压倍率、时基以及触发方式，使波形显示达到最佳状态。应用自动设置要求被测信号的频率大于或等于 50 Hz，占空比大于 1%。

使用自动设置的方法如下：

（1）将被测信号连接到信号输入通道。

（2）按下 $\boxed{\text{AUTO}}$ 按键，示波器将自动设置垂直、水平和触发控制。如需要，可手动调整这些控制使波形显示达到最佳。

1.1.4　垂直系统

如图 1.1.7 所示，在垂直控制区（VERTICAL）有一系列的按键和旋钮。

（1）使用垂直旋钮 POSITION 控制信号的垂直显示位置。当转动垂直 POSITION 旋钮时，指示通道地（GROUND）的标识将跟随波形而上下移动。

测量技巧：如果通道耦合方式为 DC，可以通过观察波形与信号地之间的差距来快速测量信号的直流分量。如果耦合方式为 AC，信号里面的直流分量将被滤除。这种方式方便用户用更高的灵敏度显示信号的交流分量。

双模拟通道垂直位置恢复到零点快捷键：旋动垂

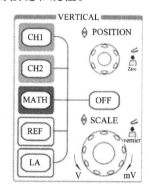

图 1.1.7　垂直控制系统

直⊚POSITION旋钮不但可以改变通道的垂直显示位置,而且可以通过按下该旋钮作为设置通道垂直显示位置恢复到零点的快捷键。

(2)改变垂直设置,并观察因此导致的状态信息变化。可以通过波形窗口下方状态栏显示的信息,确定任何垂直挡位的变化。转动垂直⊚SCALE旋钮改变"Volt/div(伏/格)"垂直挡位,可以发现状态栏对应通道的挡位显示发生了相应的变化。

按 CH1 、 CH2 、 MATH 、 REF 、 LA ,屏幕显示对应通道的操作菜单、标志、波形和挡位状态信息。按 OFF 键可关闭当前选择的通道。

Coarse/Fine(粗调/微调)快捷键:可通过按下垂直⊚SCALE旋钮作为设置输入通道的粗调/微调状态的快捷键,调节该旋钮即可粗调/微调垂直挡位。

1.1.5　水平系统

如图1.1.8所示,在水平控制区(HORIZONTAL)有一个按键和两个旋钮。

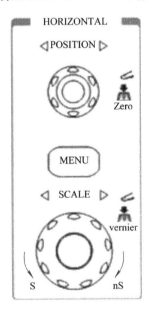

图1.1.8　水平控制区

(1)使用水平⊚SCALE旋钮改变水平挡位设置,并观察因此导致的状态信息变化。

转动水平⊚SCALE旋钮改变"s/div(秒/格)"水平挡位,可以发现状态栏对应通道的挡位显示发生了相应的变化。水平扫描速度从2 ns至50 s,以1—2—5的形式步进。

Delayed(延迟扫描)快捷键:水平⊚SCALE旋钮不但可以通过转动调整"s/div(秒/格)",而且可以按下此按钮切换到延迟扫描状态。

(2)使用水平⊚POSITION旋钮调整信号在波形窗口中的水平位置。

当转动水平⊚POSITION旋钮调节触发位移时,可以观察到波形随旋钮而水平移动。

触发点位移恢复到水平零点快捷键:水平⊚POSITION旋钮不但可以通过转动调整信号在波形窗口中的水平位置,而且可以按下该键使触发位移(或延迟扫描位移)恢复到水平零点处。

1.1.6　触发系统

如图 1.1.9 所示，在触发控制区（TRIGGER）有一个旋钮和三个按键。

（1）使用⊙LEVEL 旋钮改变触发电平设置。

转动⊙LEVEL 旋钮，可以发现屏幕上出现一条橘红色的触发线以及触发标志，随旋钮转动而上下移动。停止转动旋钮，此触发线和触发标志会在约 5 s 后消失。在移动触发线的同时，可以观察到在屏幕上触发电平的数值发生了变化。

触发电平恢复到零点快捷键：旋动垂直⊙LEVEL 旋钮不但可以改变触发电平值，而且可以通过按下该旋钮作为设置触发电平恢复到零点的快捷键。

（2）使用 MENU 调出触发操作菜单（见图 1.1.10），改变触发的设置，观察由此造成的状态变化。

- 按 1 号菜单操作按键，选择边沿触发。
- 按 2 号菜单操作按键，选择"信源选择"为 CH1。
- 按 3 号菜单操作按键，设置"边沿类型"为 ⌐。
- 按 4 号菜单操作按键，设置"触发方式"为自动。
- 按 5 号菜单操作按键，进入"触发设置"二级菜单，对触发的耦合方式，触发灵敏度和触发释抑时间进行设置。

图 1.1.9　触发控制区

图 1.1.10　触发操作菜单

（3）按 50% 按键，设定触发电平在触发信号幅值的垂直中点。

（4）按 FORCE 按键，可强制产生一个触发信号，主要应用于触发方式中的"普通"和"单次"模式。

1.1.7　使用实例

【实例一】　测量简单信号。观测电路中的一个未知信号，迅速显示和测量信号的频率与峰峰值。

欲迅速显示该信号，可按如下步骤操作：

（1）将探头菜单衰减系数设定为 10×，并将探头上的开关设定为 10×。

（2）将通道 1 的探头连接到电路被测点。

（3）按下 AUTO（自动设置）按键，示波器将自动设置使波形显示达到最佳状态。在此基础上，可以进一步调节垂直、水平挡位，直至波形的显示符合要求。

在自动测量模式下，示波器可对大多数显示信号进行自动测量。欲测量信号频率和峰峰值，可按如下步骤进行操作：

（1）测量峰峰值。按下 Measure 按键以显示自动测量菜单。按下 1 号菜单操作键以选择信源 CH，按下 2 号菜单操作键选择测量类型为电压测量。在电压测量弹出菜单中选择测量参数为峰峰值。此时，可以在屏幕左下角发现峰峰值的显示。

（2）测量频率。按下 3 号菜单操作键选择测量类型为时间测量。在时间测量弹出菜单中选择测量参数为频率。此时，可以在屏幕下方发现频率的显示。

注意：测量结果在屏幕上的显示会因为被测信号的变化而改变。

【实例二】 减少信号上的随机噪声。如果被测试的信号上叠加了随机噪声，可以通过调整示波器的设置来滤除或减小噪声，避免其在测量中对本体信号的干扰。叠加噪声的波形如图 1.1.11 所示。

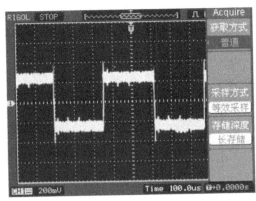

图 1.1.11 叠加噪声的波形

具体操作步骤如下：

（1）设置探头和 CH1 通道的衰减系数（设置方法参见实例一）。

（2）连接信号使波形在示波器上稳定地显示（操作方法参见实例一，水平时基和垂直挡位的调整见前文相应描述）。

（3）通过设置触发耦合改善触发。

① 按下触发（TRIGGER）控制区域的 MENU 按键，显示触发设置菜单。

② 在触发设置菜单中，耦合选择低频抑制或高频抑制。低频抑制是设定一个高通滤波器，可滤除 8 kHz 以下的低频信号分量，允许高频信号分量通过。高频抑制是设定一个低通滤波器，可滤除 150 kHz 以上的高频信号分量（如 FM 广播信号），允许低频信号分量通过。通过设置低频抑制或高频抑制可以分别抑制低频或高频噪声，以得到稳定的触发。

（4）通过设置采样方式和调整波形亮度减少显示噪声。

① 如果被测信号上叠加了随机噪声，导致波形过粗，可以应用平均采样方式，去除随机噪声的显示，使波形变细，便于观察和测量。取平均值后随机噪声被减小而信号的细节更易观察。

具体的操作方法为：按面板 MENU 区域的 Acquire 按钮，显示采样设置菜单。按 1 号菜单操作键设置获取方式为平均状态，然后按 2 号菜单操作键调整平均次数，依次由 2 至 256 以 2 倍数步进，直至波形的显示满足观察和测试要求。减少噪声后的波形如图 1.1.12 所示。

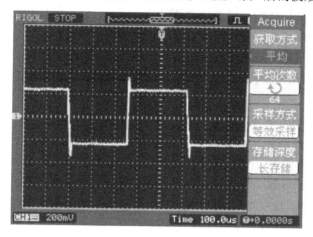

图 1.1.12　减少噪声后的波形

② 减少显示噪声也可以通过降低波形亮度来实现。注意：使用平均采样方式会使波形显示更新速度变慢，这是正常现象。

【实例三】　应用光标测量。示波器可以自动测量 22 种波形参数。所有的自动测量参数都可以通过光标进行测量。使用光标可迅速地对波形进行时间和电压测量。

欲测量信号上升沿处的 Sinc 频率，可按如下步骤进行操作：

（1）按下 Cursor 按钮以显示光标测量菜单。

（2）按下 1 号菜单操作键设置光标模式为手动。

（3）按下 2 号菜单操作键设置光标类型为 X。

（4）旋动多功能旋钮(▲)将光标 1 置于 Sinc 的第一个峰值处。

（5）旋动多功能旋钮(▲)将光标 2 置于 Sinc 的第二个峰值处。

光标菜单中显示出增量时间和频率（测得的 Sinc 频率）。第一个波峰的频率如图 1.1.13 所示。

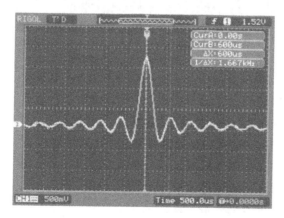

图 1.1.13　测量第一个波峰的频率

欲测量 Sinc 幅值，可按如下步骤进行操作：

(1) 按下 Cursor 按钮以显示光标测量菜单。

(2) 按下 1 号菜单操作键设置光标模式为手动。

(3) 按下 2 号菜单操作键设置光标类型为 Y。

(4) 旋动多功能旋钮(●)将光标 1 置于 Sinc 的第一个峰值处。

(5) 旋动多功能旋钮(●)将光标 2 置于 Sinc 的第二个峰值处。

光标菜单中将显示增量电压(Sinc 的峰峰电压)、光标 1 处的电压、光标 2 处的电压等测量值。

【实例四】 数字信号触发。码型触发和持续时间触发是专门用来对数字信号进行触发时使用的触发方式。这两种触发方式只能针对数字信号进行触发，而不能在触发模拟信号时使用。

(1) 码型触发。欲对数字信号进行码型触发，可按以下步骤进行操作：

① 按下触发控制区域(TRIGGER)的 MENU 按键以显示触发菜单。

② 按下 1 号菜单操作键选择码型触发。

③ 旋动功能键(●)，选择需要设置的通道(D0～D15)。

④ 按下 3 号功能键选择码型设置(H、L、X、↗或↘)。

⑤ 按下 4 号功能键选择触发方式为自动、普通或单次。

⑥ 按下 5 号功能键进行触发设置，调整触发释抑，以使信号达到稳定显示。

码型触发数字信号如图 1.1.14 所示。

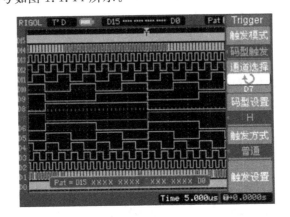

图 1.1.14 码型触发数字信号

(2) 持续时间触发。欲对数字信号进行持续时间触发，可按以下步骤进行操作：

① 按下触发控制区域(TRIGGER)的 MENU 按键以显示触发菜单。

② 按下 1 号菜单操作键选择持续时间触发。

③ 旋动多功能旋钮(●)选择需要设置的通道(D0～D15)。

④ 按下 3 号功能键选择码型设置(H、L 或 X)。

⑤ 按下 4 号功能键选择限定符为＜、＞或＝。

⑥ 按下 5 号功能键进入菜单第二页。

⑦ 按下 2 号功能按键进行持续时间设置。

⑧ 按下 3 号功能按键选择触发方式为自动、普通或单次。

⑨ 按下 4 号功能键进行触发设置，调整触发释抑，以使信号达到稳定显示。

持续时间触发数字信号如图 1.1.15 所示。

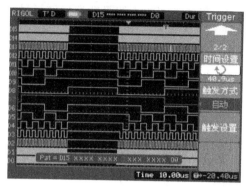

图 1.1.15　持续时间触发数字信号

1.1.8　故障排除

下面介绍示波器的常见故障及其排除方法。

（1）按下电源开关示波器仍然黑屏，没有任何显示。其排除方法如下：

① 检查电源接头是否接好。

② 检查电源开关是否按实。

③ 做完上述检查后，重新启动仪器。

（2）采集信号后，画面中并未出现信号的波形。其排除方法如下：

① 检查探头是否正常接在信号连接线上。

② 检查信号连接线是否正常接在 BNC（通道连接器）上。

③ 检查探头是否与待测物正常连接。

④ 检查待测物是否有信号产生（可将探头补偿输出信号连接到有问题的通道，确定是通道还是待测物的问题）。

⑤ 重新采集一次信号。

（3）测量的电压幅度值比实际值大 10 倍或小 10 倍。其排除方法为：检查通道衰减系数是否与实际使用的探头衰减比例相符。

（4）有波形显示，但不能稳定下来。其排除方法如下：

① 检查触发面板的信源选择项是否与实际使用的信号通道相符。

② 检查触发类型。一般的信号应使用边沿触发方式，视频信号应使用视频触发方式。只有应用适合的触发方式，波形才能稳定显示。

③ 尝试改变耦合为高频抑制和低频抑制显示，以滤除干扰触发的高频或低频噪声。

④ 改变触发灵敏度和触发释抑设置。

（5）按下 RUN/STOP 键无任何显示。其排除方法为：检查触发面板（TRIGGER）的触发方式是否在普通或单次挡，且触发电平超出波形范围。如果是，将触发电平居中，或者设置触发方式为自动挡。另外，按自动设置 AUTO 按键可自动完成以上设置。

（6）选择打开平均采样方式时间后，显示速度变慢，这是正常现象。

（7）波形显示呈阶梯状。其排除方法如下：

① 水平时基挡位可能过低，增大水平时基以提高水平分辨率，可以改善显示。

② 显示类型可能为矢量，采样点间的连线可能造成波形呈阶梯状显示，将显示类型设置为点显示方式即可。

1.2　函数/任意波形发生器

1.2.1　前面板总览

DG1022 向用户提供了简单而功能明晰的前面板，如图 1.2.1 所示。前面板上包括各种功能按键、旋钮及菜单软键，可以进入不同的功能菜单或直接获得特定的功能应用。

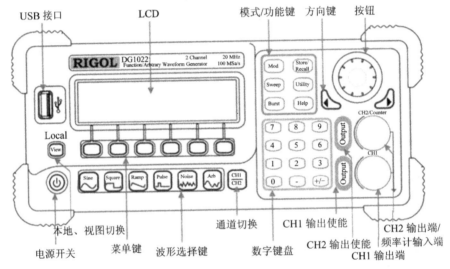

图 1.2.1　DG1022 双通道函数/任意波形发生器前面板

1.2.2　用户界面

DG1022 双通道函数/任意波形发生器提供了三种界面显示模式：单通道常规显示模式（见图 1.2.2）、单通道图形显示模式（见图 1.2.3）和双通道常规显示模式（见图 1.2.4）。这三种显示模式可通过前面板左侧的 View 按键切换。用户可通过 CH2 按钮来切换活动通道，以便于设定每通道的参数及观察、比较波形。

图 1.2.2　单通道常规显示模式

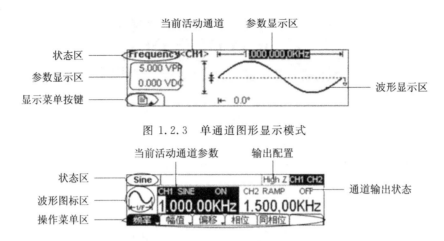

图 1.2.3 单通道图形显示模式

图 1.2.4 双通道常规显示模式

1.2.3 波形设置

如图 1.2.5 所示，在操作面板左侧下方有一系列带有波形的按键，分别用于设置波形为正弦波（Sine）、方波（Square）、锯齿波（Ramp）、脉冲波（Pulse）、噪声波（Noise）、任意波（Arb）；此外，还有两个常用按键，即通道选择键（CH1/CH2）和视图切换键（View）。

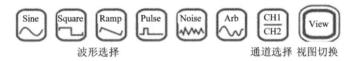

图 1.2.5 波形设置按键选择

（1）使用 Sine 按键，波形图标变为正弦信号，并在状态区左侧出现"Sine"字样，如图 1.2.6 所示。DG1022 可输出频率从 1 μHz 到 20 MHz 的正弦波形。通过设置频率/周期、幅值/高电平、偏移/低电平、相位，可以得到不同参数值的正弦波。

图 1.2.6 正弦波常规显示界面

图 1.2.6 所示正弦波使用系统默认参数：频率为 1 kHz，幅值为 5.0 VPP（峰峰电压），偏移量为 0 VDC，初始相位为 0°。

（2）使用 Square 按键，波形图标变为方波信号，并在状态区左侧出现"Square"字样，如图 1.2.7 所示。DG1022 可输出频率从 1 μHz 到 5 MHz 并具有可变占空比的方波。通过设置频率/周期、幅值/高电平、偏移/低电平、占空比、相位，可以得到不同参数值的方波。

图 1.2.7 所示方波使用系统默认参数：频率为 1 kHz，幅值为 5.0 VPP，偏移量为 0 VDC，占空比为 50%，初始相位为 0°。

Square
High Z
CH1
1.000,000,0kHz
频率
幅值
偏移
占空比
相位
同相位

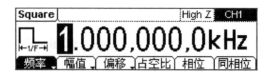

图 1.2.7　方波常规显示界面

(3) 使用 Ramp 按键，波形图标变为锯齿波信号，并在状态区左侧出现“Ramp”字样，如图 1.2.8 所示。DG1022 可输出频率大小从 1 μHz 到 150 kHz 并具有可变对称性的锯齿波波形。通过设置频率/周期、幅值/高电平、偏移/低电平、对称性、相位，可以得到不同参数值的锯齿波。

Ramp
High Z
CH1
1.000,000,0kHz
频率
幅值
偏移
对称性
相位
同相位

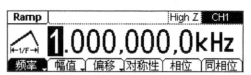

图 1.2.8　锯齿波常规显示界面

图 1.2.8 所示锯齿波使用系统默认参数：频率为 1 kHz，幅值为 5.0 VPP，偏移量为 0 VDC，对称性为 50%，初始相位为 0°。

(4) 使用 Pulse 按键，波形图标变为脉冲波信号，并在状态区左侧出现“Pulse”字样，如图 1.2.9 所示。DG1022 可输出频率从 500 μHz 到 3 MHz 并具有可变脉冲宽度的脉冲波形。通过设置频率/周期、幅值/高电平、偏移/低电平、脉宽/占空比、延时，可以得到不同参数值的脉冲波。

Pulse
High Z
CH1
1.000,000,0kHz
频率
幅值
偏移
占空比
延时
同相位

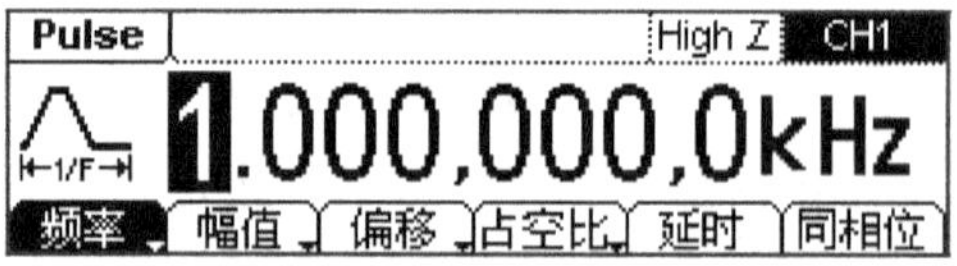

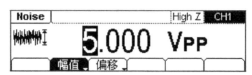

图 1.2.9　脉冲波常规显示界面

图 1.2.9 所示脉冲波形使用系统默认参数：频率为 1 kHz，幅值为 5.0 VPP，偏移量为 0 VDC，脉宽为 500 s，占空比为 50%，延时为 0 s。

(5) 使用 Noise 按键，波形图标变为噪声信号，并在状态区左侧出现“Noise”字样，如图 1.2.10 所示。DG1022 可输出带宽为 5 MHz 的噪声。通过设置幅值/高电平、偏移/低电平，可以得到不同参数值的噪声信号。

Noise
High Z
CH1
5.000 VPP
幅值
偏移

图 1.2.10　噪声波形常规显示界面

图 1.2.10 所示波形为系统默认的信号参数：幅值为 5.0 VPP，偏移量为 0 VDC。

(6) 使用 Arb 按键，波形图标变为任意波信号，并在状态区左侧出现“Arb”字样，如图 1.2.11 所示。DG1022 可输出最多 4 k 个点和最高 5 MHz 重复频率的任意波形。通过设置频率/周期、幅值/高电平、偏移/低电平、相位，可以得到不同参数值的任意波信号。

图 1.2.11 所示 NegRamp 倒三角波形使用系统默认参数：频率为 1 kHz，幅值为 5.0 VPP，偏移量为 0 VDC，相位为 0°。

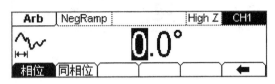

图 1.2.11 任意波形常规显示界面

（7）使用 $\boxed{\frac{\text{CH1}}{\text{CH2}}}$ 键切换通道，可对当前选中的通道进行参数设置。在常规和图形模式下均可进行通道切换，以便用户观察和比较两通道中的波形。

（8）使用 $\boxed{\text{View}}$ 键切换视图，使波形显示在 单通道常规模式、单通道图形模式、双通道常规模式 之间切换。此外，当仪器处于远程模式时，按下该键可以切换到本地模式。

1.2.4　输出设置

如图 1.2.12 所示，在前面板右侧有两个按键，分别用于通道输出和频率计输入的控制。

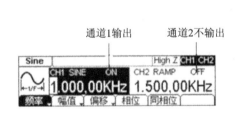

图 1.2.12　通道输出和频率计输入按键

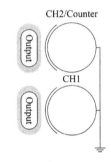

图 1.2.13　通道输出控制输出显示

（1）使用 $\boxed{\text{Output}}$ 按键，启用或禁用前面板的输出连接器输出信号。已按下 $\boxed{\text{Output}}$ 键的通道显示"ON"且键灯被点亮，如图 1.2.13 所示。

（2）在频率计模式下，CH2 对应的 $\boxed{\text{Output}}$ 连接器作为频率计的信号输入端，CH2 自动关闭，禁用输出。

1.2.5　调制/扫描/脉冲串设置

如图 1.2.14 所示，在前面板右侧上方有三个按键，分别用于调制、扫描及脉冲串的设置。在本信号发生器中，这三个功能只适用于通道 1。

（1）使用 $\boxed{\text{Mod}}$ 按键，可输出经过调制的波形，并可以通过改变类型、内调制/外调制、深度、频率、调制波 等参数，来改变输出波形，如图 1.2.15 所示。

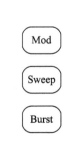

图 1.2.14　调制/扫描/脉冲串按键

15

图 1.2.15 调制波形常规显示界面

DG1022 可使用 AM、FM、FSK 或 PM 调制波形,可调制正弦波、方波、锯齿波或任意波形(不能调制脉冲、噪声和 DC)。

(2) 使用 Sweep 按键,可对正弦波、方波、锯齿波或任意波形产生扫描(不允许扫描脉冲、噪声和 DC),如图 1.2.16 所示。

图 1.2.16 扫描波形常规显示界面

在扫描模式中,DG1022 在指定的扫描时间内从开始频率到终止频率而变化输出。

(3) 使用 Burst 按键,可以产生正弦波、方波、锯齿波、脉冲波或任意波形的脉冲串波形输出,噪声只能用于门控脉冲串,如图 1.2.17 所示。

图 1.2.17 脉冲串波形常规显示界面

1.2.6 数字输入与输出

如图 1.2.18 所示,在前面板上有两组按键,分别是左右方向键和旋钮、数字键盘。

(a) 方向键和旋钮   (b) 数字键盘

图 1.2.18 前面板的数字输入

(1) 方向键:用于切换数值的数位、任意波文件以及设置文件的存储位置。

(2) 旋钮:

·可改变数值大小,在 0~9 范围内改变某一数值大小时,顺时针转一格加 1,逆时针转一格减 1。

·用于切换内建波形种类、任意波文件及设置文件的存储位置、输入文件名字符。

（3）数字键盘：直接输入需要的数值，改变参数大小。

1.2.7 使用实例

【实例一】 输出正弦波。输出一个频率为 20 kHz，幅值为 2.5 VPP，偏移量为 500 mVDC，初始相位为 10°的正弦波形。

操作步骤如下：

（1）设置频率值。

① 按 Sine 键，然后按 频率/周期 软键切换，在软键菜单中 频率 反色显示。

② 使用数字键盘输入"20"，选择单位"kHz"，设置频率为 20 kHZ。

（2）设置幅度值。

① 按 幅值/高电平 软键切换，软键菜单 幅值 反色显示。

② 使用数字键盘输入"2.5"，选择单位"VPP"，设置幅值为 2.5 VPP。

（3）设置偏移量。

① 按 偏移/低电平 软键切换，软键菜单 偏移 反色显示。

② 使用数字键盘输入"500"，选择单位"mVDC"，设置偏移量为 500 mVDC。

（4）设置相位。

① 按 相位 软键使其反色显示。

② 使用数字键盘输入"10"，选择单位"°"，设置初始相位为 10°。

上述设置完成后，按 View 键切换为图形显示模式，信号发生器输出如图 1.2.19 所示的正弦波。

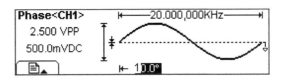

图 1.2.19 输出正弦波形

【实例二】 输出方波。输出一个频率为 1 MHz，幅值为 2.0 VPP，偏移量为 10 mVDC，占空比为 30%，初始相位为 45°的方波。

操作步骤如下：

（1）设置频率值。

① 按 Square 键进行 频率/周期 软键切换，软键菜单 频率 反色显示。

② 使用数字键盘输入"1"，选择单位"MHz"，设置频率为 1 MHz。

（2）设置幅度值。

① 按 幅值/高电平 软键切换，软键菜单 幅值 反色显示。

② 使用数字键盘输入"2"，选择单位"VPP"，设置幅值为 2VPP。

（3）设置偏移量。

① 按 偏移/低电平 软键切换，软键菜单 偏移 反色显示。

② 使用数字键盘输入"10"，选择单位"mVDC"，设置偏移量为 10 mVDC。

（4）设置占空比。

① 按占空比键，软键菜单占空比反色显示。

② 使用数字键盘输入"30"，选择单位"％"，设置占空比为 30％。

（5）设置相位。

① 按相位软键使其反色显示。

② 使用数字键盘输入"45"，选择单位"°"，设置初始相位为 45°。

上述设置完成后，按 View 键切换为图形显示模式，信号发生器输出如图 1.2.20 所示的方波。

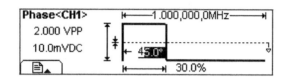

图 1.2.20　输出方波

【实例三】　输出自定义任意波。输出一个如图 1.2.21 所示的自定义任意锯齿波形。

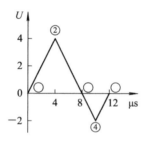

图 1.2.21　自定义锯齿波形

操作步骤如下：

（1）创建新波形。按 Arb 键，然后按编辑软键和创建软键，启用波形编辑功能。通过对波形中的每个点指定时间和电压值来定义波形。

（2）设置周期。

① 按周期软键，软键菜单周期反色显示。

② 使用数字键盘输入"12"，选择单位"μs"，设置周期为 12 μs。

（3）设置波形电压限制。

① 按电平高键，使用数字键盘输入"4"，选择单位"V"，设置高电平为 4 V。

② 按电平低键，使用数字键盘输入"－2"，选择单位"V"，设置低电平为－2 V。

（4）选择插值方法。

按插值开/关软键，设置插值开，启用在波形点之间进行线性内插。

（5）设置波形的初始化点数为"4"，单击确定按钮。

（6）编辑波形点。

① 对波形中的每个点的电压和时间进行编辑，来定义波形。如果需要，可插入或删除波形点。

② 按编辑点键，使用数字键盘或旋钮在不同点数之间切换。各点的时间值和电压值定义如表 1.2.1 所示。

表 1.2.1　波形点的时间值和电压值设置

点	时间值	电压值
1	0 s	0 V
2	4 μs	4 V
3	8 μs	0 V
4	10 μs	−2 V

（7）存储波形

① 按保存键，将编辑完成的任意波形存储到 10 个非易失性存储位置 ARB1～ARB10 中的任一个位置上。

② 按存储键，输入文件名后再按存储键将编辑完成的任意波形存储到指定非易失存储器中，每个非易失性存储器只能存一个自定义波形，如果有新波形存入，旧波形将被覆盖。

③ 按读取键将已存波形读到易失性存储器并进行输出。

上述设置完成后，按 View 键切换到图形显示模式，信号发生器输出如图 1.2.21 所示的用户自定义波形。

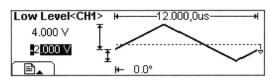

图 1.2.22　输出用户自定义波形

【实例四】 输出脉冲串。输出一个循环数为 3 的方波，起始相位 0°，脉冲串周期为 10 ms，延迟时间为 200 μs，采用内部触发源的脉冲串。

操作步骤如下：

（1）选择脉冲串的函数。按 Square 键，选择脉冲串的函数为方波。默认信号源选择的类型为内部信号源。

（2）设置扫描函数的频率、幅值和偏移量。采用 Square 波默认参数即可，可以在图形显示模式下看到相应参数的脉冲串函数的波形。

（3）选择脉冲串模式。按 Burst →N 循环，选中 N 循环模式。

（4）设置脉冲串计数。按循环数软键，然后使用数字键盘输入"3"，选择单位"Cyc"，循环数设置为 3。

（5）设置起始相位。按相位软键，使用数字键盘输入"0"，选择单位"°"，设置 0°的起始相位。

（6）设置脉冲串周期。按周期软键，使用数字键盘输入"10"，选择单位"ms"，将周期设置为 10 ms。

（7）设置延迟时间。按延迟软键，使用数字键输入"200"，选择单位"μs"，设置延迟时间为 200 μs。

上述设置完成后,信号发生器创建了一个 3 循环的脉冲串,按 $\boxed{\text{View}}$ 键可得到如图 1.2.23 所示的波形。

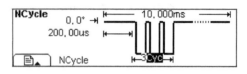

图 1.2.23 输出脉冲串波形

1.2.8 系统提示及故障排除

1. 系统常见提示

(1) 如果需要帮助,可按住任意按键。所有的设置将从上次的断电中恢复。已选择接口是 USB。这是开机提示信息,包含三方面含义:提示用户按下并按住任意键可以获得该键的帮助信息;信号发生器的所有设置在上电时已经恢复,用户可以正常执行对仪器的操作;系统检测到当前设置选择接口方式为 USB,同时提示用户系统没有检测到新的 USB 设备。

(2) 无更改。对波形参数进行修改时,取消更改操作,提示此信息。

(3) 所选随机波形为﹡﹡﹡。按 $\boxed{\text{Arb}}$ 键打开任意波功能时提示上次选择的波形。

(4) 首先,设置总的波形参数。提示用户首先设置总体的波形参数,设置完成后,再设置各个波形点的参数。

(5) 若希望,编辑现有的波形参数。执行波形编辑操作,提示用户可以开始编辑现有的波形参数。

(6) 触发已忽略 Output 已关闭。当 OUTPUT 处于禁止状态时,将自动禁用触发输出。

(7) 仪器已触发。手动触发已生效,产生预期的脉冲串或扫描波形。

(8) 菜单消隐时,请按任意 F 键重现菜单。当切换到图形显示模式时,菜单会自动消隐并弹出此信息,提示用户按显示屏下面 6 个操作菜单中任一个可以恢复菜单。

(9) 增加脉冲串周期以容纳整个脉冲串。周期数的优先级高于脉冲串周期,只要脉冲串周期没有到达其最大值,函数发生器便增加脉冲串周期以满足指定脉冲串计数或波形频率的要求。

2. 故障处理

(1) 如果按下电源开关信号发生器仍然黑屏,没有任何显示,可按下列步骤进行处理:
① 检查电源接头是否接好。
② 检查电源开关是否按实。
③ 做完上述检查后,重新启动仪器。

(2) 设置正确但无波形输出,可按下列步骤进行处理:
① 检查信号连接线是否正常接在"Output"端口上。
② 检查 BNC 线是否能够正常工作。
③ 检查 $\boxed{\text{Output}}$ 键是否打开。
④ 做完上述检查后,将开机上电值设置为上次值,重新启动仪器。

1.3 台式数字万用电表

1.3.1 前面板

VICTOR8145B 双显数字万用表是 5 位数字显示的高精度台式万用表。其前面板如图 1.3.1 所示,包含三个主要部分:输入端、显示器和按键。按键用来选择主要的测量功能和辅助测量功能以及量程。

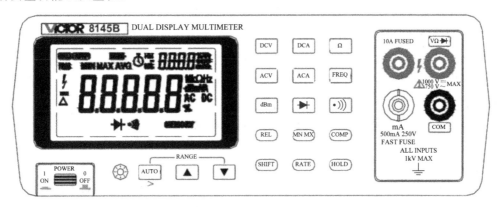

图 1.3.1　前面板图

通常采用下面两种方式来使用按键:

(1) 按单键来选择一个功能或操作。例如,按 ACV 键选择一个交流电压。

(2) 按组合键。例如,按 ACV 键选择交流电压,再按 REL 键选择相对值测量模式。选择测量量程,使用者可以通过自动或手动方式选择一个测量量程。在自动方式下,万用表会自动为测量值选择一个合适的量程。

按 AUTO 键进入(或退出)自动量程方式,在手动量程方式下,按 ▲ 或 ▼ 键增加或降低量程。

以下的操作可在仪表面板上进行,面板按键如图 1.3.2 所示。

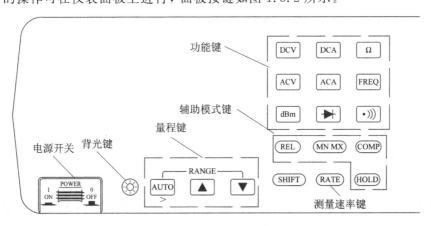

图 1.3.2　前面板按键

· 操作面板上的功能键可选择相应的测量功能：$\boxed{\text{DCV}}$ 为直流电压测量，$\boxed{\text{ACV}}$ 为交流电压测量，$\boxed{\text{DCA}}$ 为直流电流测量，$\boxed{\text{ACA}}$ 为交流电流测量，Ω 为电阻测量，FREQ 为频率测量。

· 操作辅助功能键$\boxed{\text{REL}}$、$\boxed{\text{MNMX}}$，可使仪表显示相对值，最大、最小值或平均值测量，dBm 为分贝测量，$\boxed{\text{⊶}}$ 为二极管测量，$\boxed{\text{·))}}$ 为通断测量。

· 操作读数保持键$\boxed{\text{HOLD}}$，可保持当前读数值。

· 操作测量速率键$\boxed{\text{RATE}}$，可改变测量速率为快"F"或慢"S"。

· 操作测量比较键$\boxed{\text{COMP}}$，可对测量值进行比较。

· 操作量程选择键$\boxed{\text{AUTO}}$，可进入自动量程或手动量程。

· 操作量程选择键$\boxed{\text{▲}}$、$\boxed{\text{▼}}$，可进行手动增量程和手动减量程。

· 操作背光键⊗，可打开或关闭仪表显示屏的背光(打开背光后，到达设定的时间可自动关闭)。

· 操作电源键$\boxed{\text{POWER}}$，可打开或断开仪表的供电。

1.3.2 显示

本仪器有一个 5 位 LCD 液晶显示(主显)和一个 4 位 LCD 液晶显示(辅显)，直接显示测量读数、测量单位及其他相关信息，如图 1.3.3 所示。

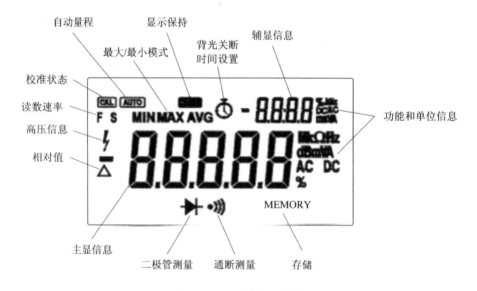

图 1.3.3　万用表显示屏

1.3.3 基本测量的操作

1. 电压、电阻及频率的测量

要测量电压、电阻和频率，则按相应的功能键，并且按图 1.3.4 所示连接测试线，万用表会在自动量程方式下选择合适的量程。

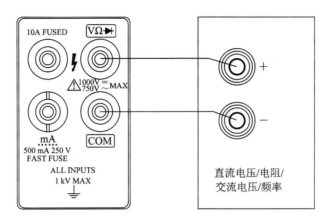

图 1.3.4　测量电压电阻频率接线图

2. 电流测量

要测量小于 330 mA 的电流，可将红表笔插入 mA 输入端，黑表笔插入 COM 输入端。如果要测更高的电流，则将红表笔插入 10 A 输入端，黑表笔插入 COM 输入端。

（1）关掉被测电路的电源，按图 1.3.5 所示接线。

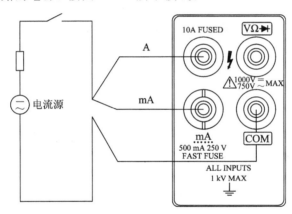

图 1.3.5　测量电流接线图

（2）断开电路(一端接地可使共模电压最小)，将万用表串联在电路中。

（3）打开电路电源，读显示器值，注意显示器上显示测量值的单位应与输入端对应。

（4）关掉电路中的电源，从测试电路中断开万用表。

3. 二极管/通断测量

通断测量用来判断电路是否完整(例如有一个小于 150 Ω 的电阻)，要进行通断检测，可按键，再按图 1.3.6 所示连接测试线，被测回路阻值低于 150Ω 时蜂鸣器发出连续的响声，并且 LCD 显示当前被测回路的阻值。

二极管测量主要用来测量一个流过半导体结电流约 1.7 mA 时的正向电压。此功能必须快速测量，在直流电压 3 V 的量程上显示读数，当电压大于 2.0 V 时显示"OL"。正常测量时，COM 端黑表笔接的是二极管负极。

要进行二极管和晶体管结的测量，可按键，选择二极管测量功能，接着按图 1.3.7 所示将测试线连接到二极管上，注意测试线的放置方向，极性颠倒将使二极管反向偏压。

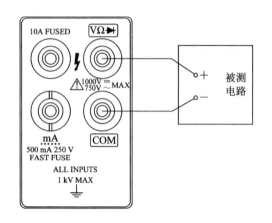
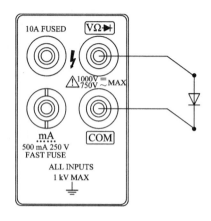

图 1.3.6 测量电路通断接线图   图 1.3.7 检测二极管接线图

4. 分贝测量模式(dBm)

分贝测量模式执行一个交流电压的测量并将它转换成分贝值(分贝的测量精确到 1 mW),将结果显示在显示屏上。

按图 1.3.4 所示连接测试线,再按 dBm 键进入分贝测量模式。当选择了分贝测量模式,则在主显区显示分贝值和 dBm 符号,辅显显示所加交流电压的值。分贝测量是在一独立的 0.01 dB 分辨率的固定量程上进行显示的。然而测量值本身是在交流量程。交流量程可通过两种方式进行改变,按 AUTO 键进入或退出自动量程,也可按 ▲ ▼ 键手动改变交流量程。

下面的公式用来将交流电压测量值转换成分贝值:

$$dBm = 10 \times lg(1000 \times 交流电压测量值^2 / 参考阻抗)$$

用户可改变参考阻抗值。

1.4 数字交流毫伏表

1.4.1 概述

毫伏表是一种用来测量正弦电压的交流电压表,主要用于测量毫伏级以下的交流信号。一般万用表的交流电压挡只能测量 1 V 以上的交流电压,而且测量交流电压的频率一般不超过 1 kHz。毫伏表测量的最小量程是 4 mV,测量电压的频率可为 10 Hz~2 MHz,是测量音频放大电路必备的仪表之一。

UT631 双通道数显交流毫伏表分具有测量电压频率范围宽、输入阻抗高(≥10 MΩ)、电压测量范围宽、分辨率高(1 μV)且测量精度高的优点。其主要性能指标如下:

(1)测量电压范围:400 μV~400 V,分辨率为 1 μV,四位 LCD 数显,最大显示4040。分六个量程,即 4 mV、40 mV、400 mV、4 V、40 V、400 V。

(2)频率响应范围:10 Hz~2 MHz。

(3)固有误差(以 1 kHz 为基准):环境温度为 23(±5)℃,相对湿度<60%,大气压力为 86~106 kPa 时,

电压测量误差：4 mV 挡误差是±(1%＋15 个字)，40 mV 以上挡误差是±(0.5%＋15 个字)。

频率响应误差：4 mV 挡误差是在 200 Hz～500 kHz 范围时，电压误差为±(1%＋0.1 mV)；在 10 Hz～200 Hz 或 500 kHz、2 MHz 范围时，电压误差为±(2%＋0.1 mV)。

1.4.2 前面板

毫伏表前面板如图 1.4.1 所示。

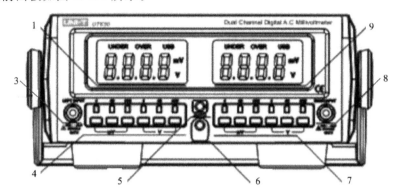

图 1.4.1 毫伏表前面板

毫伏表前面板各部分说明如下：

1——左通道显示窗口，LCD 显示左通道输入信号的电压值。

2——右通道显示窗口，LCD 显示右通道输入信号的电压值。

3——左通道输入插座，左通道的交流测试信号由此端口输入。

4——开关弹起时，量程处于手动状态，可用量程选择按键选择相应的量程，同时对应的指示灯亮；开关按下时，量程处于自动状态，此时所有量程选择按键均不起作用。当显示电压超出满量程的 5% 时，自动跳到上一量程测试，同时对应的量程指示灯亮；当显示电压低于满量程的 8% 时，自动跳到下一量程测试，对应的量程指示灯亮。

使用手动量程时，在输入测试信号前，应先选择"400 V"量程，同时对应的"400 V"量程指示灯亮。输入测试信号后，根据测试信号大小选择相应的量程，同时对应的指示灯亮。

5——左通道量程转换开关。按下自动，弹起手动

6——右通道量程转换开关。按下自动，弹起手动，作用与左通道相同。

7——右通道手动量程选择按键与指示灯，作用与左通道手动量程选择按键与指示灯相同。

8——右通道输入，插座右通道的交流测试信号由此端口输入。

1.4.3 后面板

毫伏表后面板如图 1.4.2 所示。

1——电源开关，电源开关"I"端按下接通电源，"O"端按下断开电源。

2——电源插座，交流电源 220 V/50 Hz 输入插座。

3——左通道 USB 接口，与电脑的 USB 口相连，传输左通道数据。

4——右通道 USB 接口，与电脑的 USB 口相连，传输右通道数据。

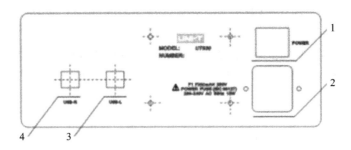

图 1.4.2　毫伏表后面板

1.4.3　基本操作方法

毫伏表的基本操作方法如下：

（1）打开电源开关前，首先检查输入的电源电压，然后将电源线插入后面板上的电源插座。

（2）电源线接入后，按电源开关以接通电源，并预热 15 分钟。

（3）使用手动量程时，先选择最大量程，"400 V"指示灯亮。

（4）将输入信号由输入端口送入交流毫伏表。

（5）选择相应的量程，使 LCD 数字表正确显示输入信号的电压值。数据显示在满量程的 $10\%\sim100\%$ 为最佳。

1.4.4　使用注意事项

使用毫伏表的注意事项如下：

（1）检查电压。该毫伏表的正确工作电源电压范围是交流 198 V～242 V。为了防止由于过电流过大引起的电路损坏，在接通电源之前应检查电源电压。保险丝应使用正确的保险丝值，如果保险丝熔断，仔细检查原因，修理之后换上规定的保险丝。确定所测试的电压不可高于本毫伏表规定的最大输入电压。

（2）测试夹检查。本仪器两通道低端与市电（220 V）共地，且黑色测试夹接地。所有被测物均是以大地为参考零电压，勿将红黑测试夹接反，以免造成被测物与大地短路。当两通道同时使用时，应注意极性，以免两通道相互短路。

（3）量程选择。本仪表设自动量程选择是为方便之用，换挡速度较慢。建议在正常使用时用手动选择量程，特别在测试高压时采用手动换挡可减少仪表处于过载状态的时间，提高测试效率。

（5）开机预热与自检。本机开机时每量程自检 1 s（手动量程开机时，仪器默认在 4 V 量程，所以只在 4 V 量程上自检 1 s；自动量程开机时，仪器要自检完所有量程，6 s 后方可进入测试状态。

第二章　常用电路元器件

2.1　电　　阻

2.1.1　电阻的分类

电阻器简称电阻，其品种很多，根据电阻体材料不同，可分为线绕电阻和非线绕电阻。线绕电阻的电阻体是绕在绝缘体上的高阻合金丝，非线绕电阻根据电阻体制造工艺又可分为薄膜型电阻和合成型电阻。薄膜型电阻的阻体是淀积在绝缘基体上的一层电阻膜，如碳膜、金属膜等；合成型电阻的阻体是导电颗粒和黏合剂的机械混合物，可制成薄膜和实心两种形式，如合成碳膜、合成实心和金属玻璃釉电阻。根据用途，电阻器又可分为通用电阻器、精密电阻器、高阻电阻器、高压和高频电阻器等。

2.1.2　电阻的主要参数

电阻的主要参数如下：

（1）标称值及允许偏差：指标在电阻器上的名义阻值。实际测量值与标称阻值之间存在偏差，允许的最大偏差范围称作允许偏差或精度。精度是电阻器生产和使用的一项主要指标，一般来说精度高的电阻器，温度系数小，阻值稳定性高。

（2）额定功率：电阻器在正常大气压力及额定温度下允许的最大耗散功率。

（3）额定工作电压：由额定功率和标称阻值乘积的平方根计算出来的电压。

2.1.3　电阻的标识方法

电阻器有三种标识方法，即直标法、文字符号法和色环标法。下面介绍色环电阻阻值及误差表示法。

色环电阻用不同颜色的色环标称阻值及误差。对于五环电阻，前三环表示有效数，第四环表示乘数，第五环表示误差；对于四环电阻，前两环表示有效数，第三环表示乘数，第四环表示误差。通常离前面色环较远的是误差位。色环电阻各种颜色的含义如表 2.1.1 所示。

表 2.1.1　色环电阻颜色含义

颜色	棕	红	橙	黄	绿	蓝	紫	灰	白	黑	金	银
有效数	1	2	3	4	5	6	7	8	9	0		
乘数	10^1	10^2	10^3	10^4	10^5	10^6	10^7	10^8	10^9	10^0	10^{-1}	10^{-2}
误差%	±1	±2			±0.5	±0.25	±0.1				±5	±10

例如：

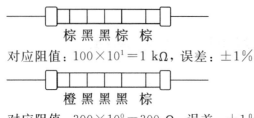

棕 黑 黑 棕 　棕

对应阻值：$100 \times 10^1 = 1 \text{ k}\Omega$，误差：$\pm 1\%$

橙 黑 黑 黑 　棕

对应阻值：$300 \times 10^0 = 300 \ \Omega$，误差：$\pm 1\%$

2.2 电 容 器

电容器是储存电荷的电容，储存电荷数量的多少取决于电容器的电容量。

通常规定在 1 V 电压作用下，电容器储存 1 C（库仑）电量时的电容器容量为 1 法拉，简称法（F），即

$$1 \text{ F} = \frac{1 \text{ C}}{1 \text{ V}}$$

法拉单位太大，常用微法（μF）或皮法（pF）表示电容器容量。

2.2.1 电容器的分类

根据电容是否可调将电容器分为固定电容器和可变电容器。根据电容器制造的介质又可分为有机介质电容器（如纸介电容、塑料薄膜电容等）、无机介质电容器（如云母电容、陶瓷电容）、气体介质电容器（如真空电容、充气式电容）、电解电容器（如铝电解电容、钽电解电容）。

2.2.2 电容器的主要参数

电容器的主要参数如下：

（1）标称容量及允许偏差：在每个电容器上都标有电容容量数值，此数值称为标称值。它与本身实际容量之间的偏差称为允许偏差。

（2）额定工作电压：在一定温度下，可以连续加在电容器上的最高直流和交流电压有效值。

（3）绝缘电阻：加在电容器上的电压与漏电流之比。

2.2.3 电容器的检测

电解电容器容量比较大，用万用表检测时能清楚看到其充放电过程中表针的偏转。用万用表 $R \times 100$ 或 $R \times 1$ k 挡进行检测，若表针转幅达到满刻度而无法比较大小，则应降低电阻挡，改用 $R \times 10$ 挡检测。对于 1000 μF 以上的大容量电解电容器，甚至可用 $R \times 1$ 挡检测。

1. 电解电容器容量的估测

万用表置 $R \times 100$ 或 $R \times 1$ k 挡，红表棒接电容器负极，黑表棒接电容器正极，表针向右偏转，然后逐渐复原；对调红黑表棒，再次测量，表针摆动幅度更大些，然后逐渐复原。

这就是电容器充放电的情形，电容量越大，表针摆动幅度越大，表针复原的速度越缓慢。表针摆动幅度除与电容量有关外，还与万用表的性能参数有关。对于所用万用表，可经过积累测试经验来估测电容量。

2. 电解电容器漏电流和绝缘电阻检测

万用表置 $R \times 100$ 或 $R \times 1$ k 挡，测前短路被测电容器使其放电，红黑表棒分别接电容器的负极和正极。若表针始终停在零欧姆处，则表明该电解电容器已被击穿；若表针退回后停在某处不动，则说明电解电容器已漏电，表针所示读数即为漏电电阻值。此电阻值越大，则漏电电流越小，电解电容器质量越好；若表针始终停在无穷大处，说明该电解电容器已开路。

3. 电容器极性的判别

当电解电容器极性标注不明时，可通过测量其漏电流的方法来判明正、负极性。将万用表置 $R \times 100$ 或 $R \times 1$ k 挡，先测量电解电容器的漏电阻值，再对调红黑表棒测量第二个漏电阻值，最后比较两次测量结果，漏电阻值较大的那次测量，黑表棒接的一端即为电解电容器的正极，红表棒所接的为电解电容器的负极。

4. 电解电容器的选用与更换

选用电解电容器时，除应注意电容量和耐压外，还应根据电路要求和所处工作环境，以保证满足电气性能和降低成本为原则。高压电路中不能选用低耐压电解电容器。对于容量要求不太严格的电源滤波、低频旁路、低频耦合等电路，可选用铝电解电容器。在高频电路中，由于电解电容器的分布电感大，影响电路的高频性能，因此通常需在电解电容器旁再并联瓷片或云母电容器。有极性的电容器一般只能用于直流与脉动电路中。对于要求较高的长延时、振荡等电路，可选用体积小、容量大、损耗小、绝缘电阻大、温度稳定性好、寿命长的钽、铌电解电容器。

电解电容器更换时需注意容量和耐压。工作于脉动电路中的脉动直流电压最大值不能超过耐压允许值。

2.3 电 感 器

凡是能够产生电感作用的元件都可以称为电感元件，都是利用它在磁场中储存能量的能力。常用的电感元件有固定电感器、阻流线圈和专用的电感线圈，有的是用导线绕成的空心线圈构成的。为了增加电感量和 Q 值，减小体积。有的在线圈中增加了铁芯和磁芯。这里主要介绍常用的固定电感器。

固定电感器分立式、卧式两种。其芯子采用带引腿的软磁"工"字磁心，线材用高强度漆包线或普通漆包线。根据设计不同，绕线时有排绕、乱绕两种，采用不同磁性材料和圈数就可以制成不同规格的固定电感器，外面一般采用酚醛树脂式 PVC 热缩性套管封装。

2.3.1 电感器的检测

使用万用表 $R \times 1$ 挡，通过测量电感器直流电阻，可判断线圈的通断。若实测电阻值较大，甚至为无穷大，可知线圈断路；若实测值很小，则内部严重短路，但线圈局部短路是不易检测出来的。对阻值较大的线圈可用 $R×10$、$R×100$ 挡测试；对匝数极少的线圈，其直流电阻值近似为零，检测是否短路时需用 $R×1$ 挡反复测试并与短路两表棒时的情形比较，观察两阻值有无区别。

2.3.2 电感器的选用与更换

在家用电子产品的滤波、扼流、振荡、延迟等电路中常选用小型固定电感器，又称色码电感器。不论何种电感器，在选用时必须考虑其工作频率，在音频段一般选用带铁芯的电感器，在高频段应选用带铁氧体的电感器。在更换电感器时，应注意规格、型号、电感量是否相同。

2.4 半导体二极管

2.4.1 半导体二极管的结构和类型

二极管的种类很多，按制造材料分，有硅二极管和锗二极管；按用途分，有整流二极管、稳压二极管、开关二极管和普通二极管等；按结构、工艺分，有点接触型、面接触型等。常用的几种二极管的外形、结构、符号如图 2.4.1 所示。

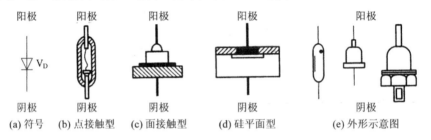

(a) 符号　(b) 点接触型　(c) 面接触型　(d) 硅平面型　(e) 外形示意图

图 2.4.1　常用二极管的外形、结构和符号

点接触型二极管的 PN 结面积很小，因此结电容小，适用于高频（几百兆赫）、小电流（几十毫安以下）的场合，主要应用于小功率整流、高频检波和开关电路，如 2AP10 型锗管，可作为检波用，它的最大整流电流是 5 mA，最高工作频率是 100 MHz。

面接触型二极管的 PN 结面积大，结电容大，允许通过较大的电流（几百毫安以上），只能用于低频（几十千赫以下）的场合，主要应用于整流。如 2CZ55A 型硅管，最大整流电流是 1 A，最高工作频率是 3 kHz。

2.4.2 主要参数

二极管的主要参数有以下几个：

（1）最大整流电流 I_F：二极管长期工作时，允许通过的最大正向平均电流。使用时，若电流超过这个数值，将使 PN 结过热而把管子烧坏。

（2）反向工作峰值电压 U_R：管子不被击穿所允许的最大反向电压。一般这个参数是二极管反向击穿电压的一半，若反向电压超过这个数值，管子将有击穿的危险。

（3）反向峰值电流 I_R：二极管加反向电压 U_R 时的反向电流值，越小二极管的单向导电性愈好。I_R受温度影响很大。硅管的反向电流较小，一般在几微安以下。锗管的反向电流较大，为硅管的几十到几百倍。

（4）最高工作频率 f_M：二极管在外加高频交流电压时，由于 PN 结的电容效应，单向导电作用退化，f_M 即指二极管单向导电作用开始明显退化的交流信号的频率。

2.4.3 使用常识

1. 二极管型号

国家标准(GB2439—1974)规定，国产半导体器件的型号由五部分组成，如图 2.4.2 所示。

图 2.4.2 国产半导体器件型号组成

例如，硅整流二极管 2CZ52A 的符号意义如图 2.4.3 所示。

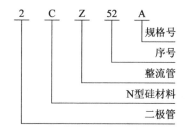

图 2.4.3 硅整流二极管 2CZ52A 的符号意义

半导体器件的符号意义如表 2.4.1 所示。

表 2.4.1 半导体器件的符号意义

第一部分		第二部分		第三部分			
符号	意义	符号	意义	符号	意义	符号	意义
2	二极管	A	N 型，锗管	P	普通管	D	低频大功率管
		B	P 型，锗管	V	微波管	A	高频大功率管
		C	N 型，硅管	W	稳压管	T	半导体闸流管
		D	P 型，硅管	C	参量管	Y	体效应器件
3	三极管	A	PNP 型，锗管	Z	整流管	B	雪崩管
		B	NPN 型，锗管	L	整流堆	J	阶跃恢复管
		C	PNP 型，硅管	S	隧道管	CS	场效应器件
		D	NPN 型，硅管	N	阻尼管	BT	半导体特殊器件
		E	化合物材料	U	光电开关	FH	复合管
				K	开关管	PIN	PIN 型管
				X	小功率管	JG	激光器件

2. 半导体二极管的测量与选用

选管及判断二极管的极性与好坏，是正确选用二极管及保证电路质量的前提。工程方法通常使用万用表 $R\times100$ 或 $R\times1\ k\Omega$ 挡，测得电阻小时，黑表笔对应的管脚为正极，红表笔对应的管脚为负极。通过对二极管正向电阻的测量，可判断管子是硅管还是锗管。在测正向电阻时，如万用表指针指在刻度盘中间或中偏右位置，则被测管是硅管；如指在刻度盘右侧，则为锗管。检波二极管通常是锗管，整流二极管通常是硅管。进行质量测量时，交换表笔分别测量正反向电阻，结论如下：

(1) 两次测量正反向电阻相差最大，质量好；

(2) 两次测量正反向电阻接近或相等，失效；

(3) 两次测量正反向电阻无穷大，断路；

(4) 两次测量正反向电阻等于零，短路。

2.5　特　殊　二　极　管

2.5.1　稳压二极管

稳压二极管简称稳压管，它是一种特殊的面接触型硅二极管，由于在电路中能起稳定电压的作用，故称之为稳压管。

图 2.5.1 是稳压管的图形符号及伏安特性。由图 2.5.1(b)可知，稳压管的正向特性曲线与普通二极管相似，但是，它的反向击穿特性较陡，反向击穿电压较低(普通二极管为数百伏，一般硅稳压管为数伏至数十伏)，容许通过的电流也比较大。稳压管通常工作在反向击穿区，当反向击穿电流在较大范围内变化时，其两端电压变化很小，因而从它两端可获得一个稳定的电压，只要反向电流不超过允许范围，稳压管就不会发生热击穿而损坏。为此，在电路中，稳压管必须串联一个适当的限流电阻。

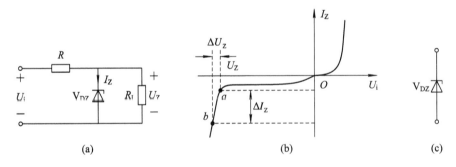

图 2.5.1　稳压管的图形符号及伏安特性

1. 稳压管的主要参数

(1) 稳定电压 U_Z：稳压管正常工作时，管子两端的电压。由于制造工艺的原因，稳压值也有一定的分散性，如 2CW55 型稳压管的稳压值为 6.2～7.5 V。

(2) 动态电阻 r_Z：稳压管在正常工作范围内，端电压的变化量与相应电流的变化量的比值。稳压管的反向特性愈陡，动态电阻 r_Z 越小，稳压性能越好。

(3) 稳定电流 I_Z：稳压管正常工作时的参考电流值。只有 $I \geqslant I_Z$，才能保证稳压管有较好的稳压性能。

（4）最大稳定电流 I_{Zmax}：允许通过稳压管的最大反向电流。若 $I > I_{Zmax}$，则管子会因过热而损坏。

（5）最大允许功耗 P_{Zm}：管子不致发生热击穿的最大功率损耗，$P_{Zm} = U_Z I_{Zmax}$。

（6）电压温度系数：温度变化 1℃ 时，稳定电压变化的百分数。电压温度系数越小，温度稳定性越好。通常硅稳压管在 U_Z 低于 4 V 时具有负温度系数，高于 6 V 时具有正温度系数，U_Z 在 4～6 V 时温度系数很小。

2. 使用稳压管的注意事项

（1）稳压管必须工作在反向偏置（利用正向特性稳压除外）。

（2）稳压管工作时的电流应在稳定电流 I_Z 和允许的最大工作电流 I_{Zmax} 之间。为了不使反向击穿电流超过 I_{Zmax}，电路中必须串接适当的限流电阻。

（3）稳压管可以串联使用，串联后的稳压值为各稳压值之和，但不能并联使用，以免因稳压管稳压值的差异造成各管电流分配不均匀。引起管子过载损坏。

（4）稳压管正反向电阻的检测：万用表置 $R \times 100$ 或 $R \times 1$ k 挡，对其进行正反向电阻测试，正向电阻应很小，而反向电阻应很大。若在两次测量中阻值都很小或为零，说明稳压管击穿或内部短路；若两次测量电阻值都很大或无穷大，说明稳压管接触不良或内部断路。

（5）稳压管的选用与更换：一般应根据实际电路要求的稳定电压、稳定电流、耗散功率等指标查阅有关手册选用与更换稳压管。

2.5.2　发光二极管

发光二极管是由磷砷化铝等半导体材料制造的二极管，简称 LED。其符号如图 2.5.2（a）所示。

发光二极管的正向电压约为 1.6 V，这种二极管的正向电流达一定值时发光，发光的颜色与半导体材料有关（可以发出红、黄、绿、蓝等不同颜色）。

为防止发光二极管因正向电流过大而使 PN 结过热烧毁，在发光二极管电路中应串联适当阻值的电阻。当发光二极管用于交流电路时，为防止其被反向击穿，应在它的两端反极性并联一只普通二极管，以降低发光二极管上的反向电压。

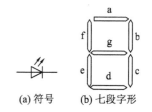

(a) 符号　　(b) 七段字形

图 2.5.2　发光二极管的图形符号

发光二极管常用在显示电路中，如做成数码管，将七只发光二极管制成条状并排列成如图 2.5.2（b）所示的字形，当字形内相应二极管发光时，可分别显示出 0～9 这 10 个数码。

发光二极管的主要技术参数有正向电压、正向电流、最大功耗、发光主波波长等。

2.5.3　光电二极管

光电二极管又称光敏二极管。它的管壳上备有一个玻璃窗口，用于接收光照。其特点是，当光线照射于它的 PN 结时，可以成对地产生自由电子和空穴，使半导体中少数载流子的浓度提高，在一定的反向偏置电压作用下，使反向电流增加。因此它的反向电流随光照强度的增加而线性增加。当无光照时，光电二极管的伏安特性与普通二极管一样。光电二极管的等效电路如图 2.5.3(a)所示，图 2.5.3(b)为光电二极管的符号。

光电二极管的主要参数有暗电流、光电流、灵敏度、峰值波长、响应时间等。

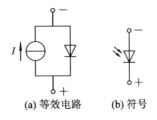

(a) 等效电路　　(b) 符号

图 2.5.3　光电二极管的图形符号

2.6　晶　体　三　极　管

2.6.1　晶体三极管的类型及结构

晶体三极管的种类很多，按功率大小可分为大功率管和小功率管；按电路中的工作频率可分为高频管和低频管；按半导体材料不同可分为硅管和锗管；按结构不同可分为 NPN 管和 PNP 管。

图 2.6.1 是几种晶体三极管的外形，由图可见，它们有三个电极。但是，在一般大功率管(如图中的 3AD50 管)中，管壳兼作集电极；而工作频率较高的小功率管，除了 e、b、c 电极外，管壳还有引线，用 d 表示，供屏蔽接地用。

3DG110　　　3AX55　　　　　3AD50

图 2.6.1　晶体三极管结构外形图

2.6.2　晶体三极管的主要参数

1. 直流参数

1) 直流电流放大系数

(1) 共基极直流电流放大系数为 $\bar{\alpha} \approx I_C / I_E$。

(2) 共射极直流电流放大系数为 $\bar{\beta} \approx I_C / I_B$。

2) 极间反向电流

(1) I_{CBO}：发射极开路时集电极与基极间的反向饱和电流，其值越小越好。硅管只有零点几微安，可忽略，而锗管的 I_{CBO} 较大，不可忽略。

(2) I_{CEO}：基极开路时集电极与发射极间穿透电流，$I_{CEO} = (1 + \bar{\beta}) I_{CBO}$。硅管的 I_{CEO} 比锗管小 2～3 个数量级。

2. 交流参数

（1）共基极交流电流放大系数为 $\alpha = \Delta I_C / \Delta I_E \mid U_{CB} = $ 常数 $\approx \bar{\alpha}$。

（2）共基极直流电流放大系数为 $\beta = \Delta I_C / \Delta I_B \mid U_{CB} = $ 常数 $\approx \bar{\beta}$。

（3）特征频率 f_T。工作频率增高后，PN 结电容作用明显，会使 β 下降。当 β 下降到 1 时，所对应的频率为特征频率 f_T。当 $f > f_T$ 时，表明晶体三极管已丧失放大能力。

（4）共射上限截止频率 f_β。当 β 下降到中频 β_0 的 0.707 倍时对应的频率称为共射上限截止频率。

（5）共基上限截止频率 f_α。频率增高，使 α 下降，当 α 下降到中频的 0.707 倍时对应的频率称为共基极上限截止频率。

3. 极限参数

1）集电极最大允许功耗 P_{CM}

$P_{CM} = U_{CE} I_{CM}$，它决定着管子的允许温升（硅管约为 150℃，锗管约为 75℃），使用时应注意规定的散热条件。

2）集电极最大电流 I_{CM}

在 I_C 的一个很大范围内，$\bar{\beta}$ 值基本不变，但 I_C 超过某一数值后 $\bar{\beta}$ 明显下降，当 $\bar{\beta}$ 下降至最大值的 2/3 时的 I_C 即为 I_{CM}。使用时，要求 $I_C < I_{CM}$。

3）反向击穿电压

（1）U_{EBO}：集电极开路时发射极允许加的最高反向电压。使用时要求 $U_{EB} < U_{EBO}$。

（2）U_{CBO}：发射极开路时集电极与基极间允许加的最高反向电压，一般为几十伏到上千伏。

（3）U_{CEO}：基极开路时集电极与发射极间的反向击穿电压。它比 U_{CBO} 小些。

使用时，上述反向击穿电压不允许超过晶体管手册中给出的规定值。

2.6.3 晶体三极管的使用常识

1. 晶体三极管的型号

这里举例说明国产晶体三极管型号的命名方法。例如，硅 NPN 型高频小功率三极管 3DG110A 的符号意义如图 2.6.2 所示。

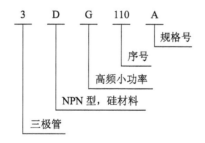

图 2.6.2 高频小功率三极管 3DG110A 的符号意义

2. 半导体晶体三极管的检测

硅管、锗管的判别方法是：将万用表置 $R \times 100$ 或 $R \times 1$ k 挡，两表棒分别接触管子的基极和发射极管脚，若其中一次指针指在刻度盘的中间或中偏右处，此时导通电压约为 0.7 V，则被测管为硅管；若指针指在刻度盘的右侧，此时导通电压约为 0.2V，则被测管为锗管。

晶体三极管电极类型的判别方法是：将万用表置 $R \times 100$ 或 $R \times 1$ k 挡，红表棒接某一管脚，黑表棒分别接另外两个管脚，当测得两次阻值均很小时，则可判定红表棒所接的为 PNP 型管的基极。如两次测得的阻值一大一小或都很大，可将红表棒移到另一管脚再测，直至两次阻值均较小为止。同理，如以黑表棒接某一管脚为准，红表棒分别接另外两个管脚，当测得两次阻值均很小时，则黑表棒所接的是 NPN 型管的基极。

基极与管子类型确定后，再利用晶体三极管正向电流放大系数大于反向电流放大系数的原理确定集电极和发射极。其方法是将万用表置 $R \times 100$ 或 $R \times 1$ k 挡，对 NPN 管而言，用黑表棒接假定的 c 极，红表棒接假定的 e 极，再用手指分别捏住 b 极和假定的 c 极，利用人体电阻实现偏置，测读万用表指针偏转角度或电阻示值，再对调两表棒后测试，并比较两次读数。对于 NPN 管，偏转角度较大的一次中，黑红表棒所接的分别是集电极和发射极。对 PNP 管，红表棒接假设的 c 极，黑表棒接假设的 e 极，指针偏转角度大，则阻值小的一次，表棒所接的分别是集电极和发射极。

3. 晶体三极管的选用注意事项

（1）必须保证晶体三极管工作在安全区，即应使工作时的 $I_C < I_{CM}$，$P_C < P_{CM}$，$U_{CE} < U_{CEO}$。因此，当需要输出大电流时，应选 I_{CM} 大的管子；当需要输出大功率时，应选 P_{CM} 值大的功率管，同时要满足散热条件；当需要输出电压高时，应选 U_{CEO} 大的管子；当晶体三极管作为开关元件时，在发射结上要施加反向电压，此时要注意 e、b 极间的反向电压不要超过 U_{EBO}。

（2）当输入信号频率高时，为了保持管子良好的放大性能，应选高频管或超高频管；若用于开关电路，为了使管子有足够高的开关速度，则应选开关管。

（3）当要求反向电流小、允许给温高且能工作在温度变化大的环境中时，应选硅管；而要求导通电压低时，可选锗管。

（4）对于同型号的管子，优先选用反向电流小的，而 β 值不宜太大，一般在几十至一百左右为宜。

2.7　场效晶体管

场效晶体管按结构不同可分为结型和绝缘栅型；按工作性能可分为耗尽型和增强型；按所用基片（衬底）材料不同，又可分为 P 沟道和 N 沟道两种导电沟道。因此，有结型 P 沟道和 N 沟道、绝缘栅耗尽型 P 沟道和 N 沟道及增强型 P 沟道和 N 沟道六种类型场效晶体管。

2.7.1　绝缘栅型场效晶体管的结构

目前应用较广泛的绝缘栅场效晶体管是一种金属（M）—氧化物（O）—半导体（S）结构的场效晶体管，简称 MOS 管。本节以 N 沟道增强型绝缘栅型场效晶体管为主进行讨论。

图 2.7.1 是 N 沟道增强型 MOS 管的结构示意图。用一块 P 型半导体为衬底，在衬底上面的左、右两边制成两个高掺杂浓度的 N 型区，用"N+"表示。在这两个"N+"区各引出一个电极，分别称为源极 S 和漏极 D。在硅片的表面生成一层薄薄的绝缘层，并在上面置以电极，称为栅极(G)。

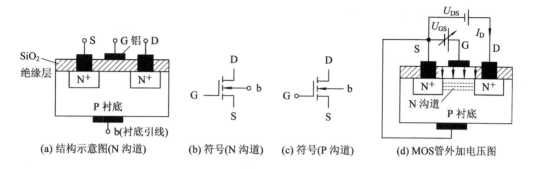

图 2.7.1　N 沟道增强型 MOS 管的结构示意图

2.7.2　场效晶体管的主要参数

1. 直流参数

直流参数是指耗尽型 MOS 管的夹断电压 U_P[$U_{GS(off)}$]、增强型 MOS 管的开启电压 U_T [$U_{GS(th)}$]以及漏极饱和电流 I_{DSS} 和直流输入电阻 R_{GS}。

2. 交流参数

（1）低频跨导 g_m：当 $U_{DS}=$ 常数时，u_{GS} 的微小变量与它引起的 i_D 的微小变量之比，即

$$g_m = \frac{di_D}{du_{GS}}\bigg|U_{DS} = 常数$$

它是表征栅、源电压对漏极电流控制作用大小的一个参数，单位为西(S)或 mS。

（2）极间电容：场效晶体管三个电极间存在极间电容。栅、源电容 C_{GS} 和栅、漏电容 C_{GD} 一般为 1～3 pF，漏源电容 C_{DS} 约为 0.1～1 pF。极间电容的存在决定了管子的最高工作频率和工作速度。

3. 极限参数

（1）最大漏极电流 I_{DM}：管子工作时允许的最大漏极电流。

（2）最大耗散功率 P_{DM}：由管子工作时允许的最高温升所决定的参数。

（3）漏、源击穿电压 U_{DS}：U_{DS} 增大时使 I_D 急剧上升时的 U_{DS} 值。

（4）栅、源击穿电压 U_{GS}：在 MOS 管中使绝缘层击穿的电压。

2.7.3　场效管电极的判别

结型场效管电极的判别：首先找栅极 G，方法与判别三极管基极相似。将万用表置 $R\times 1k$ 挡，用黑表棒接假设栅极 G，红表棒分别接另两极。若阻值均较小，交换红黑表棒再测一次的阻值均较大，则说明假设的栅极 G 成立，且此管为 N 沟道的结型管。如红表棒接假设 G 极，黑表棒接另两极时测得的阻值均较大，则可确定 P 沟道结型管 G 极。G 极确定后，对于漏极 D 和源极 S 不一定要判别，因为此两极在结构上基本对称而原则上可互换。

MOS 场效管电极的判别：测量前人体通过导线与地保持等电位后，再分开保存时短接在一起的三个电极。将万用表置 $R\times100$ 挡，若测得某管脚与其他两管脚的阻值均为无穷大，则此管脚即为栅极 G。交换表棒重复测量，源极 S 与漏极 D 之间的电阻应为几百欧到几千欧，其中阻值较小的那一次，黑表棒接的为 D 极，红表棒接的为 S 极。

场效管的检测：万用表置 $R\times100$ 或 $R\times1k$ 挡，红黑表棒分别接 S 和 D 极，两次所测电阻值均应很小。再将黑表棒接 G 极，红表棒接 S 或 D 极，所测阻值对于 N 沟道管应很小，而对于 P 沟道管应很大。交换表棒，红表棒接 G 极，黑表棒接 S 或 D 极，测得的数值应相反。

2.7.4 场效管的特点及使用注意事项

1. 特点和选管原则

（1）场效管是电压控制器件，栅极基本上不取电流，输入电阻高，所以，对于那些只允许从信号源吸取极小电流的高精度、高灵敏度的检测仪器、仪表等，宜选用场效管作输入级；而对于那些允许取一定量电流的，若选用三极管则可以得到比场效管较高的电压放大倍数。

（2）在场效管中，参与导电的只是多子（单极型三极管），而双极型三极管中，则是两种载流子参与导电。所以，场效管不易受温度、辐射等外界因素影响，在环境条件变化比较大的场合，适宜选用场效管。

（3）场效管的噪声比三极管小，尤其是结型场效管的噪声，所以对于低噪声、稳定性要求高的线性放大电路，宜选用场效管。

（4）MOS 管的制造工艺简单，所占用的芯片面积小（仅为三极管 15%），而且功耗很小，适用于大规模集成，在大、中规模数字集成电路中得到了广泛的应用。

（5）场效管的源极和漏极结构对称，可以互换使用；耗尽型 MOS 管的栅源电压可为正值、负值和零值，使用时比三极管灵活。但应注意，对于在制造时已将源极和衬底连在一起的 MOS 管，则源极和漏极不能互换。

2. 使用注意事项

（1）在使用时，正负电源极性应按规定接入，特别要注意切勿将结型场效管的栅、源电压极性接反，以免 PN 结因正偏过流而烧毁；绝对不能超过各极限参数规定的数值。

（2）MOS 管的衬底和源极通常连接在一起，若需分开，则衬源间的电压要保证衬源间 PN 结为反向偏置，即对于 NMOS 管应使 $u_{BS}<0$，对于 PMOS 管应使 $u_{BS}>0$。

（3）由于 MOS 管的输入电阻极高，使得栅极的感应电荷不易泄放，从而导致在栅极中产生很高的感应电压，造成管子的击穿。为此，应避免栅极悬空及减少外界感应。贮存时，应将管子的三个电极短路；当把管子焊到电路上或取下来时，应先用导线将各电极绕在一起。焊接管子所用的烙铁必须接地良好，最好断电利用余热焊接。

（4）结型场效应管可以在栅源极开路状态下贮存，可以用万用表检查管子的质量；MOS 管不能用万用表检查，必须用测试仪，而且要在接入测试仪后才能去掉各电极的短路线，取下时则应先将各电极短路。测试仪应有良好的接地。

2.8　集成运算放大器

2.8.1　集成运放的符号

集成运算放大器简称集成运放。从运放的外部结构可知，运放主要有两个输入端和一个输出端。$u+$ 称为同相输入端，$u-$ 称为反相输入端。

图 2.8.1(a)是集成运放的国际流行符号，图 2.8.1(b)是集成运放的国标符号，图 2.8.1(c)是具有电源引脚的集成运放国际流行符号。

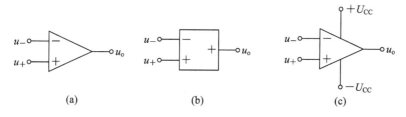

图 2.8.1　集成运放结构符号图

图 2.8.2是集成运放的外形及管脚排列图。其各管脚的功能为：2 为反相输入端，若由此端接输入信号，则输出信号与输入信号反相；3 为同相输入端，若由此端接输入信号，则输出信号与输入信号同相；4 为负电源端，接－15 V 稳压电源；7 为正电源端，接＋15 V 稳压电源；1 和 5 端外接调零电位器（一般为 10 kΩ）；6 为输出端；8 为空脚。

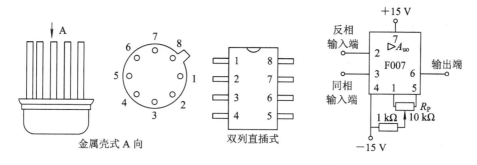

图 2.8.2　集成运放的外形及管脚排列图

2.8.2　集成运放的主要技术指标

集成运放的主要技术指标是合理选用和正确使用运放的依据，大体上可以分为输入误差特性、开环差模特性、共模特性和输出瞬态特性。

1. 输入误差特性参数

1）输入失调电压 U_{IO}

对于理想运放，当输入电压为零时，输出也应为零。实际上，由于差分输入级很难做到完全对称，零输入时，输出并不为零。在室温及标准电压下，输入为零时，为了使输出电压为零，输入端所补偿电压称为输入失调电压 U_{IO}。U_{IO} 越大，说明对称程度越差。一般 U_{IO} 的值为 1 μV～20 mV。

2）输入失调电流 I_{IO}

输入级差分管的静态电流不可能完全对称，它们的差值即输入失调电流 I_{IO}，即 $I_{IO} = |I_{B1} - I_{B2}|$，一般希望 I_{IO} 越小越好。普通运放的 I_{IO} 约为 1 nA～0.1 μA。

2. 开环差模特性参数

开环差模特性参数用来表示集成运放在差模输入作用下的传输特性。

1）开环差模电压放大倍数 A_{Od}

开环差模电压放大倍数 A_{Od} 指在无外加反馈情况下的差模电压放大倍数，它是决定运算精度的重要指标，通常用分贝（dB）表示，即

$$A_{Od} = 20 \lg \left| \frac{U_{Od}}{U_{id}} \right| \text{ dB}$$

不同功能的运放，A_{Od} 相差悬殊，一般约为 80～140 dB。

2）最大差模输入电压 U_{idmax}

U_{idmax} 指集成运放反相和同相输入端之间所能承受的最大电压值，超过这个值输入级差分管将会出现反向击穿，甚至损坏。利用平面工艺制成的硅 NPN 管的 U_{idmax} 为 ±5 V 左右，而横向 PNP 管的 U_{idmax} 可达 ±30 V 以上。

3）差模输入电阻 r_{id}

差模输入电阻的定义为 $r_{id} = \Delta U_{id} / \Delta I_{id}$，即差模信号作用下运放的输入电阻，它是衡量差分管向输入信号源索取电流大小的标志。F007 的 r_{id} 约为 2 MΩ，用场效晶体管作差分输入级的运放 r_{id} 可达 10 MΩ。

3. 共模特性参数

共模特性参数用来表示集成运放在共模信号作用下的传输特性。

1）共模抑制比 K_{CMRR}

共模抑制比的定义为 $K_{CMRR} = 20\lg |A_{Od} / A_{OC}|$，单位为 dB。F007 的 K_{CMRR} 为 80～86 dB，高质量运放的 K_{CMRR} 可达 180 dB。

2）最大共模输入电压 U_{icm}

U_{icm} 指运放所能承受的最大共模输入电压。共模电压超过一定值时，将会使输入级工作不正常，因此要加以限制。

4. 输出瞬态特性参数

输出瞬态特性参数用来表示集成运放输出信号的瞬态特性。运放的输出瞬态特性主要通过转移速率 SR 和建立时间来描述。

转换速率 SR 是指运放在闭环状态下对高速变化信号的适应能力。转换速率的大小与很多因素有关，其中主要与运放所加的补偿电容、运放本身各级晶体管的极间电容、杂散电容，以及放大器的充电电流等因素有关。只有信号变化速率的绝对值小于 SR 时，输出才能按照线性的规律变化，否则输出波形会严重失真。

SR 是在大信号和高频工作时的一项重要指标，一般运放的 SR 为几伏每微秒，高速运放可达到 65 V/μs。

2.8.3 集成运放选用注意事项

集成运放的选用注意事项如下：

（1）选择运放时尽量选择通用运放，而且是市场上销售最多的品种，只有这样才能降低成本，保证货源。只要满足要求，就不选择特殊运放。

（2）学会辨认管脚，不同公司的产品管脚排列是不同的，需要查阅手册，确认各个管脚的功能。

（3）一定要搞清楚运放的电源电压、输入电阻、输出电阻、输出电流等参数。

（4）集成运放单电源使用时，要注意输入端是否需要增加直流偏置，以便能放大正、负两个方向的输入信号。

（5）设计集成运放电路时，应该考虑是否增加调零电路、输入保护电路和输出保护电路。

2.8.4 常用集成运放芯片介绍

目前我国可以生产很多型号的集成运放芯片，一般情况下，无论哪个公司的产品，除了开头的字母标示不同外，只要编号相同，功能基本上是相同的。例如 CA741、LM741、MC741、PM741、SG741、CF741、μA741、μPC741 等芯片具有相同的功能。

1. 通用运放 μA741

通用运放 μA741 内部具有频率补偿及输入、输出过载保护功能，并允许有较高的输入共模和差模电压，电源电压适应范围宽。它的主要技术指标如下：

- 输入失调电压：1 mV。
- 输入失调电流：20 nA。
- 输入偏置电流：80 nA。
- 差模电压增益：2×10^5 dB。
- 输出电阻：75 Ω。
- 差模输入电阻：2 MΩ。
- 输出短路电流：25 mA。
- 电源电流：1.7 mA。

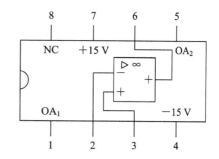

图 2.8.3 μA741 的管脚符号

μA741 的管脚符号如图 2.8.3 所示。管脚 1、5 是调零端，管脚 4 是负电源，管脚 7 是正电源，管脚 8 为空脚。

2. 低功耗四运放 LM324

运放 LM324 由 4 个独立的高增益和内部频率补偿的运放组成，不但能在双电源下工作，也可在宽电压范围的单电源下工作，它具有输出电压振幅大、电源功耗小等优点。它的主要技术指标如下：

- 输入失调电压：2 mV。
- 输入失调电流：5 nA。
- 输入偏置电流：45 nA。
- 差模电压增益：100 dB。
- 温度漂移：7 μV/℃。

- 单电源工作电压：3～30 V。
- 双电源工作电压：±1.5～±15 V。
- 静态电流：500 μA。

LM324 的管脚排列如图 2.8.4 所示。管脚 11 为负电源或地，管脚 4 为正电源。

3. 高精度集成运放 OP07

高精度集成运放 OP07 的主要技术指标如下：

- 输入失调电压：10 μV。
- 输入失调电流：0.7 nA。
- 输入失调电压温度系数：0.2 V/℃。
- 电源电压：±22 V。
- 静态电流：500 μA。

OP07 的符号如图 2.8.5(a)所示。其中，管脚 1 和 8 是调零端，管脚 4 是负电源，管脚 7 是正电源。

4. 低失调、低温漂 JFET 输入集成运放 LF411

LF411 是高速度的 JFET 输入集成运放，它具有小的输入失调电压和输入失调电压温度系数。如匹配良好的高电压场效应管输入，还具有高输入电阻、小偏置电流和输入失调电流等特点。LF411 可用于高速积分器、D/A 转换器等电路。它的主要技术指标如下：

- 输入失调电压：0.8 mV。
- 输入失调电流：25 μA。
- 输入失调电压温度系数：7 μV/℃。
- 输入偏置电流：50 pA。
- 输入电阻：10^{12} Ω。
- 静态电流：1.8 mA。
- 输入差模电压：－30～＋30 V。
- 输入共模电压：－14.5～＋14.5 V。
- 增益带宽积：4 MHz。

LF411 的符号如图 2.8.5(b)所示。其中，管脚 1、5 端用于调零，管脚 4 是负电源，管脚 7 是正电源。

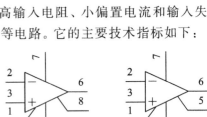

图 2.8.5 OP07 和 LF411 的管脚排列

2.9 三端集成稳压器

三端集成稳压电路的外部只有三个端子：输入、输出和公共端。在三端稳压电源芯片内有过流、过热及短路保护电路。

2.9.1 三端固定集成稳压器

三端固定集成稳压器的输出电压是固定的，常用的是 7800/7900 系列。7800 系列输出正电压，其输出电压有 5 V、6 V、7 V、8 V、9 V、10 V、12 V、15 V、18 V、20 V 和 24 V 共 11 挡，如 7812 的输出电压是 12 V。该系列的输出电流分 5 挡，7800、78M00、78L00、

78T00、78H00 系列分别是 1.5 A、0.5 A、0.1A、3 A、5 A。7900 系列与 7800 系列所不同的是输出电压为负值。7800/7900 系列三端稳压器的外部引脚图如图 2.9.1 所示。

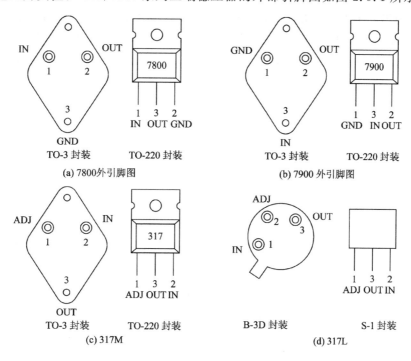

图 2.9.1　7800/7900 系列三端集成稳压器外部引脚图

三端稳压器由采样、基准、放大和调整等单元组成。输入端接整流滤波电路，输出端接负载，公共端接输入、输出的公共连接点。为使它工作稳定，在输入和输出端与公共端之间并接一个电容。使用三端稳压器时注意一定要加散热器，否则不能工作到额定电流。

图 2.9.2 为三端集成稳压器的典型应用，即 LM7805 和 LM7905 作为固定输出电压电路的典型接线图。正常工作时，输入、输出电压差 2～3 V，电容 C_1 用来实现频率补偿，一般为 0.33 pF。C_2 用来抑制稳压电路的自激振荡，一般为 1 pF。

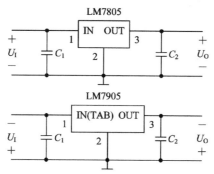

图 2.9.2　三端集成稳压器的典型应用接线图

2.9.2　三端可调集成稳压器

三端可调输出电压集成稳压器是在三端固定式集成稳压器的基础上发展起来的生产量

大、应用面广的产品,它有正电压输出 LM117、LM217 和 LM317 系列以及负电压输出 LM137、LM237 和 LM337 系列两种类型。它既保留了三端稳压器的简单结构形式,又克服了固定式输出电压不可调的缺点,从内部电路设计上及集成化工艺方面采用了先进的技术,性能指标比三端固定稳压器高一个数量级,输出电压在 1.25~37 V 范围内连续可调。其稳压精度高、价格便宜,被称为第二代三端式稳压器。图 2.9.3 是三端可调负电压集成稳压器的外部引脚图。

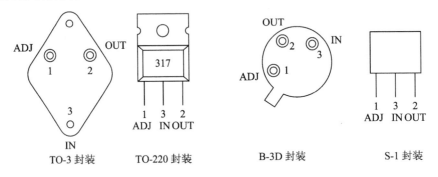

图 2.9.3 三端可调负电压集成稳压器外部引脚图

LM317 是三端可调稳压器的一种,它具有输出 1.5 A 电流的能力,典型应用接线图如图 2.9.4 所示。该电路的输出电压范围为 1.25~37 V。输出电压的近似表达式如下:

$$U_\mathrm{O} = U_\mathrm{REF}\left(1 + \frac{R_2}{R_1}\right)$$

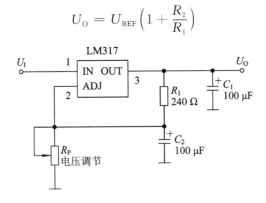

图 2.9.4 三端可调稳压电路的典型应用接线图

2.9.3 低压差三端稳压器

前述三端稳压器的缺点是输入、输出之间必须维持 2~3 V 的电压差才能正常工作,这样大的压差在电池供电的装置中是不能使用的。例如,对 7805 在输出 1.5 A 时自身的功耗达到 4.5 W,不仅浪费能源还需要散热器散热。Micrel 公司生产的三端稳压电路 MIC29150 的输出电压有 3.3 V、5 V 和 12 V 三种,输出电流为 1.5 A,具有和 7800 系列相同的封装,与 7805 可以互换使用。该器件的特点是:压差低,在 1.5 A 输出时的压差典型值为 350 mV,最大值为 600 mV;输出电压精度为 ±2%;最大输入电压可达 26 V;有过流保护、过热保护、电源极性接反及瞬态过压保护(-20~60 V)功能。该稳压器输入电压为 5.6 V,输出电压为 5.0 V,功耗仅为 0.9 W,比 7805 的 4.5 W 小得多,可以不用散热片。如果采用市电供电,则变压器功率可以相应减小。MIC29150 的使用与 7805 完全一样。

2.10　集成 TTL 逻辑门

在双极型集成逻辑门电路中应用最广泛的是 TTL 电路。目前国产的 TTL 电路有 CT54/74、CT54/74H、CT54/745、CT54/74LS 等四大系列。其中，CT54/74 系列相当于旧型号 CT1000 系列，为标准系列；CT54/74H 系列相当于 CT2000 系列，为高速系列；CT54/74LS 系列相当于 CT3000 系列，为肖特基系列；CT 54/74LS 系列相当于 CT4000 系列，为低功耗肖特基系列。

这里以 CT74LS160CJ 为例，对型号构成说明如下：

C　　T　　74LS160　　C　　J
① 　② 　　③ 　　　　④ 　⑤

① C：中国。

② T：TTL 集成电路。

③ 74：国际通用 74 系列；54：国际通用 54 系列；LS：低功耗肖特基系列；S：肖特基系列；H：高速系列；空白：标准系列；160：同步十进制计数器；……

④ C：0～70℃（只出现于 74 系列）；M：−55～125℃（只出现于 54 系列）。

⑤ D：多层陶瓷双列直插封装；J：黑瓷低熔玻璃双列直插封装；P：塑料双列直插封装；F：多层陶瓷扁平封装。

国产上述各 CT 系列对应于国际上各 SN 系列。如 CT74LS 160CJ 对应于 SN74 LSI60CJ。TTL 门电路可以构成与门、或门、与非门、或非门等多种门电路。其中 TTL 与非门应用最广，故下面主要对其进行介绍。

2.10.1　TTL 与非门

图 2.10.1 是常用的 TTL 与非门电路。V_1 是多发射极晶体管，它的集电极可看成一个二极管，把发射结看成与前者背靠背的几个二极管，如图 2.10.1(b)所示。

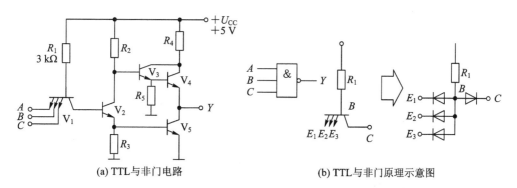

(a) TTL 与非门电路　　　　　　　　(b) TTL 与非门原理示意图

图 2.10.1　常用 TTL 与非门电路

当输入端全部接高电平"1"时，V_1 反偏，V_2、V_5 饱和导通，输出端输出为"0"；当输入端有一个以上接低电平"0"时，V_1 导通，V_2、V_5 截止，V_3、V_4 导通，输出端输出为"1"，从而实现了"与非"逻辑关系。

TTL 与非门部分常用组件的型号和功能如下：

74LS00：四 2 输入与非门；

74LS20：双 4 输入与非门；

74LS04：六反相器；

74LS10：三 3 输入与非门；

74LS30：8 输入与非门。

图 2.10.2 是几种 TTL 器件外引线排列图。

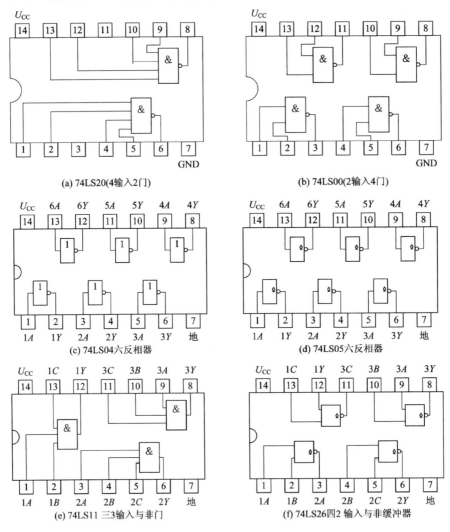

图 2.10.2　常用 TTL 器件外引线排列图

2.10.2　TTL 主要参数

TTL 集成门电路的优点是开关速度较高，抗干扰能力较强。它的主要性能参数如下：

（1）平均传输延迟时间 t_{pd}：是衡量开关速度的重要参数。在任何一个门电路的输入端加脉冲电压，其对应的输出脉冲将有一定的时间延迟。三门电路的平均传输延迟时间 $t_{pd}=40\ \mu s$。平均传输延迟时间越小，工作速度就越高。通常所说的低、中、高、超高速与非门都

是根据 t_{pd} 的大小来分的。

（2）输出高电平电压 U_{OH}：指输入端有一个或一个以上为低电平时，输出端得到的高电平电压值，$U_{OH} \geqslant 2.4 \text{ V}$。

（3）输出低电平电压 U_{OL}：指输入端全为高电平时，输出端得到的低电平电压值，$U_{OL} \leqslant 0.4 \text{ V}$。

（4）输入高电平电流 I_{IH}：指当某一输入端接高电平，其余输入端接低电平时，流入接高电平输入端的电流值，$I_{IH} \leqslant 50 \ \mu\text{A}$。

（5）输入低电平电流 I_{IL}：指当某一输入端接低电平，其余输入端接高电平时，流入接低电平输入端的电流值，$I_{IL} \leqslant 1.6 \text{ mA}$。

（6）扇出系数 N_O：指一个与非门能带同类门的最大数目，它表示带负载的能力，典型与非门扇出系数 $N_O \geqslant 8$。

2.10.3 TTL 电路使用注意事项

TTL 电路使用注意事项如下：

（1）对已经选定的元器件一定要进行测试，参数的性能指标应满足设计要求，并留有裕量。要准确识别各元器件的引脚，以免接错造成人为故障甚至损坏元器件。

（2）TTL 电路的电源电压不能高于 +5.5 V，使用时不能把电源与地端颠倒错接，否则将会因电流过大造成元器件损坏。

（3）电路的各输入端不能直接与高于 +5.5 V、低于 -0.5 V 的低电阻电源连接，因为低内阻电源能提供较大电流，会因过热损坏元器件。

（4）除三态门和 OC 门之外，输出端不允许并联使用，用 OC 门实现线与，应同时在输出端口加上拉负载电阻。

（5）输出端不允许与电源或地短路，否则会造成元器件损坏。但可通过电阻与电源相连，提高输出高电平。

（6）在电源接通的情况下，不要移动或插入集成电路，因为电流的冲击会造成永久性损坏。

（7）一个集成块中一般包括几个门电路，为了降低功耗，可将不使用的与非门和或非门等器件的所有输入端接地，也可以将它们的输出端连到不使用的与门输入端上。

（8）每个门电路输入端的数目是有限的，当需要的输入端个数多于一个门所有的输入端数目时，可以利用在门电路的扩展端外接扩展器来解决。

（9）变拉电流负载为灌电流负载。

当与非门所能提供的拉电流满足不了负载的需要时，可用变换电路处理，让与非门只承担灌电流负载而让交换电路来承担所需要的拉电流负载。

2.11 CMOS 集成电路

2.11.1 CMOS 集成电路分类及特点

1. MOS 集成电路的分类

由金属—氧化物—半导体场效应管构成的集成电路为单极型集成电路，称为 MOS 电路，可分为三类：

（1）NMOS 电路：是由 N 沟道增强型 MOS 管构成的。

（2）PMOS 电路：是由 P 沟道增强型 MOS 管构成的。

（3）CMOS 电路：是兼有 N 沟道和 P 沟道两种增强型 MOS 的电路，也称为互补 MOS 电路，简称 CMOS 电路。

这些电路中以 CMOS 发展最迅速，应用最广泛，因为它的工作速度高，功耗低，性能比 NMOS、PMOS 优越。

2. CMOS 集成电路的特点

与双极型（如 TTL）集成电路比，CMOS 集成电路具有如下特点：

（1）静态功耗低。在电源电压 $U_{DD} = 5$ V 时，中规模电路的静态功耗小于 100 mW，有利于提高集成度和封装密度，比较适宜于大规模集成。

（2）电源电压范围宽。CC4000 系列 CMOS 集成电路的电源电压范围为 3～18 V，从而使选择电源的余地大，电源设计要求低。

（3）输入阻抗高。正常工作的 CMOS 集成电路，其输入端的保护二极管处于反偏状态，直流输入阻抗大于 100 MΩ。

（4）扇出能力强。在低频工作时，一个输出端可驱动 50 个以上的 CMOS 器件的输入端，这主要是 CMOS 器件输入阻抗高的缘故。

（5）抗干扰能力强。CMOS 集成电路的电压噪声容限可达电源电压的 45%，而且高电平和低电平的噪声容限基本相等。

（6）逻辑摆幅大。空载时输出高电平 $U_{OH} = (U_{DD} - 0.05$ V$) \sim U_{DD}$，输出低电平 $U_{OL} = (U_{SS} + 0.05$ V$) \sim U_{SS}$。

（7）温度稳定性好，且有较强的抗辐射能力。

CMOS 器件的不足之处是工作速度比 TTL 电路低，且功耗随频率的升高而显著增大。

3. CMOS 集成电路的命名

CMOS 集成电路的国外产品主要有 4000、74C、74HCT 等系列，后两者是高速 CMOS 电路，其传输延迟时间已接近标准的 TTL 器件。其引脚排列和逻辑功能也和同型号的 74 系列 TTL 电路一致。74HCT 系列更是在电平上和 74 系列 TTL 电路相容，从而使两者互换使用更为方便。在 4000 系列基础上发展起来的有 4000B 系列、4500 系列和 5000 系列等。国产的 CMOS 器件以 4000 为主。

74 系列器件的命名格式是：74FAMnn。这里 FAM 表示器件所属的系列，而 nn 表示器件的功能。只要 nn 相同，就说明这些器件的功能相同。例如，74HC30、74HCT30、74AC30、74ACT30、74AHC30 都是 8 输入端与非门。

前缀 74 就是一个简单的数，是由厂家给定的器件前缀，而前缀 54 表示这个器件具有更宽的使用温度范围和电源电压范围。实际上它们的制造是一样的，54 系列是筛选出来的一些技术指标比较高的产品。

2.11.2　CMOS 与非门电路

CMOS 与非门电路电路组成如图 2.11.1 所示，两个 PMOS 管并联作负载管，两个 NMOS 管串联作驱动管，负载管整体与驱动管串联。

当 A、B 输入为"1"时，V_1、V_2 导通，电阻很低，V_3、V_4 截止，电阻很高，输出 Y 为"0"。

当输入端至少一个为"0"时，V_1、V_2 截止，电阻很高，V_3、V_4 导通，电阻很低，输出 Y 为"1"。因此该电路具有"与非"逻辑功能。

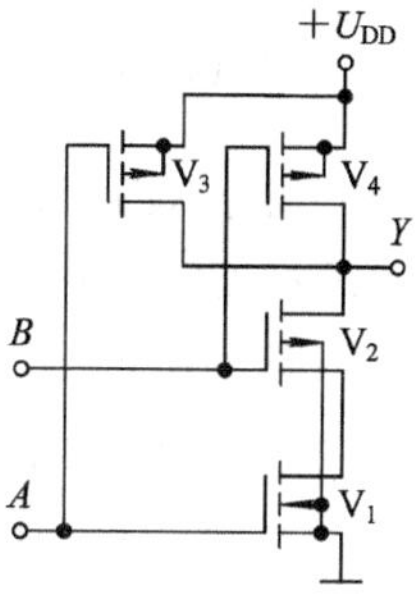

图 2.11.1　CMOS 与非门电路

2.11.3　CMOS 主要参数

1. 逻辑电平

U_{Ohmin}：在高电平时的最小输出电平。

U_{IHmin}：输入端能够辨认的最小输入高电平电压，若输入电压比这个电压低，则不认为是高电平。

U_{ILmax}：输入端能够辨认的最小输入低电平电压，若输入电压比这个电压高，则不认为是低电平。

U_{OLmax}：在低电平时的最大输出电压。

2. 噪声容限

高电平噪声容限 $= U_{OHmin} - U_{IHmin}$。

低电平噪声容限 $= U_{ILmax} - U_{OLmax}$。

图 2.11.2 所示为常用 CMOS 器件。

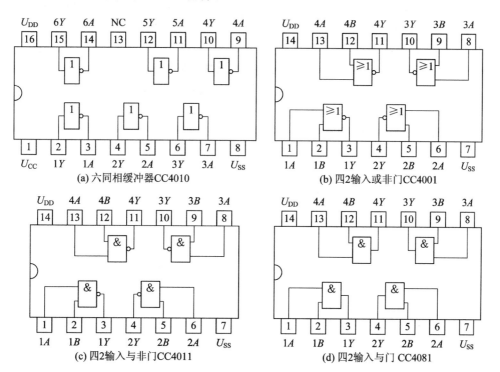

图 2.11.2　常用 CMOS 器件

2.11.4 CMOS 电路使用注意事项

CMOS 电路使用注意事项如下：

（1）国产 CC4000 系列一般为双列直插式，其引脚排列图同双极型 CT 系列一样，也是顶视图。引脚图中的 U_{DD}、U_{SS} 指电源电压。如果既有 U_{DD} 又有 U_{SS}，一般把 U_{SS} 端与地连接。

（2）很多 CMOS 器件都能与 TTL 器件相容（工程实际中经常选用 CMOS 器件，选择时根据带负载能力（输出电流）、工作速度（传输延迟时间）、工作频率等参数是否满足要求为准。

（3）CMOS 电路由于输入电阻高，因此极易接受静电电荷，存放 CMOS 集成电路时要屏蔽，一般放在金属容器内，也可以用金属箔将引脚短路。

（4）CMOS 电路虽然可以在很宽的电源电压范围内工作，但电源的上限电压不得超过电路允许极限值 U_{max}，电源下限电压不得低于系统速度所必需的电源电压最低值 U_{min}，更不能低于 U_{SS}。

（5）焊接 CMOS 电路时，一般电烙铁容量不准大于 20 W，且要有良好的接地线，最好是利用电烙铁断电后的余热进行快速焊接。禁止在电路通电的情况下焊接。

（6）为了防止输入端保护二极管因正向偏置而引起损坏，输入电压必须处于 U_{DD} 和 U_{SS} 之间。

（7）测试 CMOS 电路时，如果信号源和线路板用两组电源，则应先接通线路板电源，断电时应先断开信号源的电源，即禁止在 CMOS 本身没有接通电源的情况下接输入信号。

（8）多余的输入端绝对不能悬空，否则会因受干扰而破坏逻辑关系。可以根据逻辑功能需要，分情况对多余输入端加以处理。例如，与门和与非门的多余输入端应接到 U_{DD} 或高电平上；或门和或非门的多余输入端应接到 U_{SS} 或低电平上；如果电路的工作速度不高，不需要特别考虑功耗，也可以将多余输入端同使用端并联。

（9）输入端连接长线时，由于分布电容和分布电感的影响，容易构成 LC 振荡，使输入保护二极管损坏，因此，必须在输入端串接一个 $10\sim20$ kΩ 的电阻。

（10）插拔电路板电源插头时，应先切断电源，防止插拔过程中烧坏 CMOS 输入端保护二极管。

（11）为了防止脉冲信号串入电源引起的低频和高频干扰，可在印制线路板的电源和地之间并接 10 μF 和 0.1 μF 的两个电容。

第三章 常用仿真软件

3.1 Multisim 10 使用指南

3.1.1 Multisim 10 简介

Multisim 10 软件是美国国家仪器公司(NI)开发的交互式 SPICE 仿真和电路分析软件,该软件提供了一个庞大的元器件数据库,并提供了原理图输入接口、全部的数模 SPICE 仿真功能、VHDL、Verilog 设计接口与仿真功能,FPGA、CPLD 综合,RF 设计能力和后处理功能,单片机应用系统仿真,梯形图仿真,还可以实现从原理图设计到 PCB 布线工具包(Ultiboard)的无缝数据传输。

Multisim 10 可以实现计算机仿真与虚拟实验,且易学易用,适合于高校学生进行综合性设计性实验,也可作为电气或电子工程技术人员的电路设计工具。

下面将结合电工电子技术课程的实验内容,介绍 Multisim 10 增强专业版的一些常用仿真设计功能和操作方法。

3.1.2 Multisim 10 的基本界面

Multisim 10 的基本界面如图 3.1.1 所示,它包括菜单栏、系统工具栏、设计工具栏、元件工具栏和仪器工具栏等几大部分。

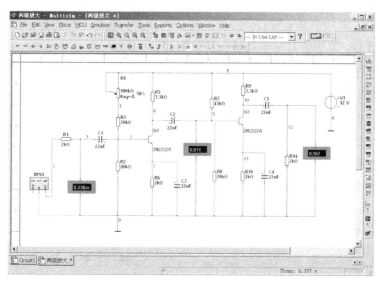

图 3.1.1 Multisim 10 的基本界面

1. 菜单栏

菜单栏如图 3.1.2 所示。

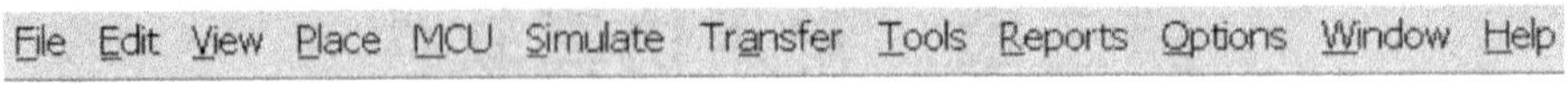
File Edit View Place MCU Simulate Transfer Tools Reports Options Window Help

图 3.1.2　菜单栏

与 Windows 应用程序一样，可以在主菜单栏中找到各个功能的命令。

2. 系统工具栏

系统工具栏如图 3.1.3 所示。

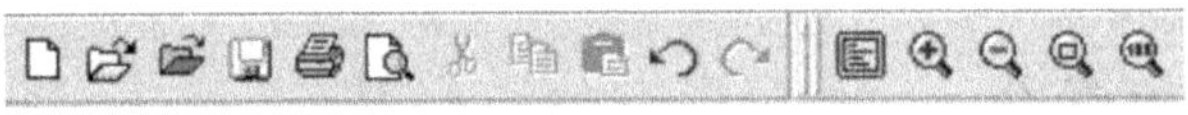

图 3.1.3　系统工具栏

系统工具栏与 Windows 的基本功能相同。

3. 设计工具栏

设计工具栏如图 3.1.4 所示。

--- In Use List ---
?

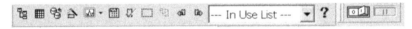

图 3.1.4　设计工具栏

设计工具栏是 Multisim 的核心部分，使用它可以进行电路的建立、仿真和分析并最终输出设计数据。各按钮的功能如下：

：项目层次浏览，显示或隐藏项目层次。

：数据表格视图，显示或隐藏当前电路的数据表。

：数据库管理，可打开数据库管理对话框，对元件进行编辑。

：元件编辑器，用于调整、增加或创建新元件。

：记录仪、分析列表，可打开已保存的仿真图形，或从下拉菜单中选择分析方法。

：后分析器，可对仿真结果做进一步处理。

：电气规则检查。

：打开 Ultiboard Log 文件。

：打开 Ultiboard 10 PCB。

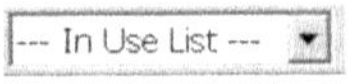
--- In Use List ---
：当前电路所使用的所有元件列表。

：帮助按钮。

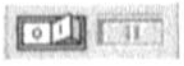：仿真开关和暂停按钮。

4. 元件工具栏

元件工具栏如图 3.1.5 所示。

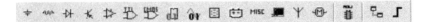

图 3.1.5　元件工具栏

如果元件工具栏隐藏，可在主菜单 View 中的 Toolbars 下选择 Components 打开。元件工具栏从左向右分别为：＋电源库、基本元件库、二极管库、晶体管库、模拟元件库、TTL 器件库、CMOS 器件库、混杂数字器件库、模数混合器件库、指示器件库、电源器件库、混杂器件库、高级外围器件库、射频元件库、电机元件库、单片机器件库、放置层次块、放置母线。

5. 仪器工具栏

仪器工具栏如图 3.1.6 所示。

图 3.1.6　仪器工具栏

仪表工具栏从左至右分别是：数字万用表、函数信号发生器、功率表、双踪示波器、四通道示波器、波特图示仪、频率计数器、字符发生器、逻辑分析仪、逻辑转换仪、伏安特性分析仪、失真度分析仪、频谱分析仪、网络分析仪、安捷伦函数信号发生器、安捷伦万用表、安捷伦示波器、泰克示波器、实时测量探针、LabVIEW 仪器、电流探针。

3.1.3　Multisim 10 软件参数设置

Multisim 10 软件参数设置方法如下：

（1）选取 Options 中的 Global Preferences...，打开 Preferences 对话框，点击 Parts 页，如图 3.1.7 所示。Symbol standard 的缺省设置是 ANSI(美国标准)，一般应选 DIN(德国标准)，因为 DIN 与我国的电气符号标准相近。

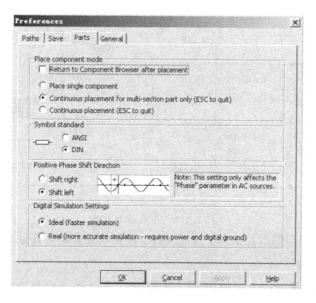

图 3.1.7　Preferences 对话框

（2）选取 Options 中的 Sheet Properties…，打开 Sheet Properties 对话框，如图 3.1.8 所示。可以在该对话框中设置电路的背景颜色、元件的参数和栅格是否显示、页尺寸和文字的设置等。

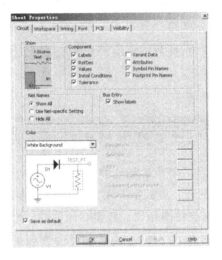

图 3.1.8　Sheet Properties 对话框

3.1.4　原理图的设计

下面以单管放大电路（见图 3.1.9）为例，介绍原理图的编辑。

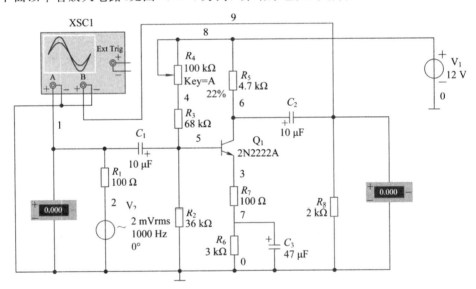

图 3.1.9　单管放大电路

编辑原理图包括新建电路文件、放置元件、连接线路、编辑及保存文件等步骤。

1. 建立电路文件

点击系统工具栏中的 New 按钮 □ ，将建立一个空白的电路文件，系统自动命名为 Circuit1，用户可在保存该文件时重新命名。

2. 放置元件

首先要知道放置的元件属于哪个元件库，然后点击元件工具栏的相应元件库，进入选择元件对话框，找到元件并双击它，即可用鼠标把元件移到电路工作区。

如果要调用一个 3 kΩ 的电阻，可用鼠标点击元件工具栏的 Basic 元件库按钮，打开如图 3.1.10 所示的选择元件对话框。首先在 Family 中选择"RESISTOR"选项，然后在 Component 的列表框中移动右边的滑块找到 3 kΩ 电阻，或直接在 Component 的输入框里输入 3 k，即可找到 3 kΩ 电阻，双击它就能把电阻移到电路的工作区。

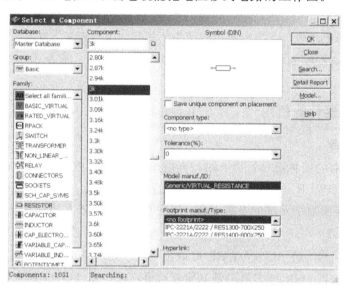

图 3.1.10　选择元件对话框

图 3.1.10 的 Component 列表框中的元件都是市场上可以买到的电阻器，叫现实电阻。若要使用非标准规格的电阻器，则需选用虚拟电阻，在 Family 中选择"RATED_VIRTUAL"选项，在 Component 的列表框中选择"RESISTOR_RATED"，调出的虚拟电阻为 1 kΩ。在 Multisim 的元件库中，凡带有深绿色衬底的器件都为虚拟器件，为了与实际电路接近，应尽量选用符合现实标准的电路元件。

3. 参数设置

虚拟元件的某些参数可由用户随时更改，如双击虚拟电阻，在对话框的 Value 项可设置电阻值；改变器件参数，如将 3 k 电阻换为 10 k 电阻，可双击 3 k 电阻，在其对话框中点击"Replace"键重新选择。

4. 器件旋转

选取器件并点击鼠标右键弹出的菜单，如选取 Flip Horizontal 可左右翻转，Flip Vertical 可上下翻转，90 Clockwise 可顺时针旋转 90°，90 CounterCW 可逆时针旋转 90°。

5. 连接线路

将鼠标的指针移到所要连接的元件引脚，鼠标指针会变成一个小圆圈，点击（单击左键后放开左键）并移动鼠标，即可拉出一条虚线。如要从某点转弯，则先点击，固定该点，然后再移动鼠标，直到另一元件引脚再点击，则完成两个元件引脚的连接。

6. 对原理图进一步编辑

为了增强原理图的可读性和专业性，需要对原理图进一步处理，如调整元件的参考注释编号、显示电路节点号、调整元件和文字标注的位置、修改电路的背景颜色和连线的颜色，删除工作区中一些不必要的元件、仪器及节点等。

3.1.6 电路仿真

电路和测量仪器连接后，一般在仿真前先执行 File 菜单中的 Save As... 命令，把电路图保存到指定的文件夹里，然后单击仿真开关▣▣或点击菜单 Simulate 中的 Run 命令，启动电路仿真。如果电压表、电流表显示的结果不稳定，应检查交、直流模式是否设置错误，信号失真也可引起交流电压表显示不稳定；观察信号的波形，需双击示波器，并做相应的设置。

3.1.7 常用元器件的使用

1. 直流电源

单击电源库中的图标▣POWER_SOURCES，直流电源有 DC_POWER、VCC、VDD、VEE、VSS，其中 DC_POWER 是一个电压值可设置的理想电压源。VCC、VDD、VEE、VSS 是数字电源，用于连接数字元件的电源引脚，选定它们后，双击可改变其电压值。

2. 交流电压源

选中▣POWER_SOURCES 的 AC_POWER 可取出一个交流电压源，双击它出现如图 3.1.11 所示的对话框，其中 Voltage(RMS)是电压有效值，Voltage Offset 是直流偏置电压，默认值为零。

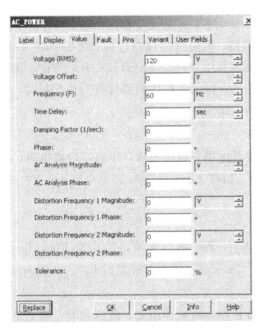

图 3.1.11 交流电压源设置

3. 接地端

地是电路中所有测量的依据，是电压的公共点，为 0 V，对一个电路来说，必须有一个接地端。｜POWER_SOURCES 里的 GROUND 为模拟电路的地，在电路图中的图标为 ⏚。在数字电路中，数字地用于没有明确定义的地引脚的数字元件中，数字地必须放置在电路原理图中，但不需与其他任何元件直接相连。｜POWER_SOURCES 里的 DGND 为数字地，在电路图中的图标为 ▽GND。

4. 电位器

基本元件库中有现实和虚拟两个电位器，选 POTENTIOMETER 为现实电位器，选 RATED_VIRTUAL 下的 POTENTIOMETER_RATED 为虚拟电位器。双击电位器出现如图 3.1.12 所示的对话框，它表示每按一次 A，滑动点下方的电阻将增加，同时按 Shift 和 A，滑动点下方的电阻将减少，其变化量（Increment）在 Increment 中设置。变化量的百分数可设置为 0.001～100，电位器滑动电阻的百分比表示滑动点下方电阻与总电阻的比值，可以直接移动滑动点来改变电位器的滑动电阻，Key 可以用 A～Z 之间的任何字母表示。

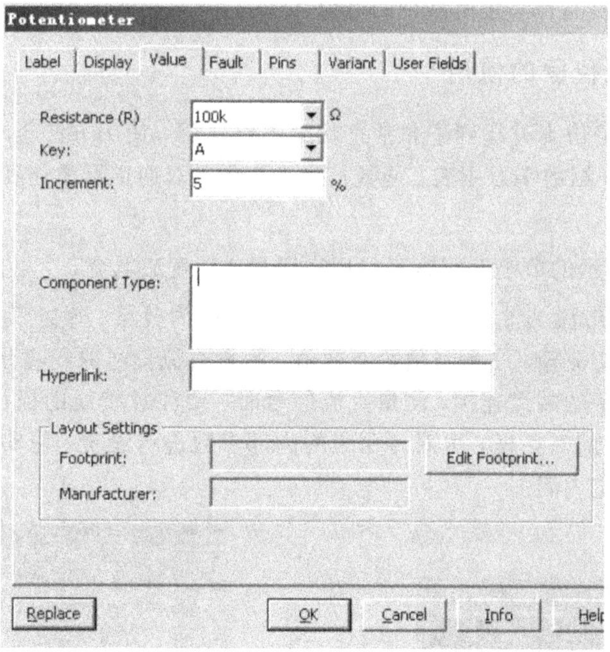

图 3.1.12　电位器的设置

5. 电容

当选取电解电容 CAP_ELECTROLIT 时，标有"＋"极性的引脚必须接直流高电位。

6. 电压表

点击指示器件库 里的 VOLTMETER，有四种放置位置不同的电压表，选择后，在工作台上会出现一个电压表，双击后出现如图 3.1.13 所示的对话框。其中，内阻 Resistance(R) 对测量误差有影响，建议一般用户采用默认内阻值（10 MOhm）；模式（Mode）有直流（DC）、交流（AC）之分，可用于测量直流、交流信号电压。

图 3.1.13　电压表的设置

7. 电流表

在指示器件库  里的 AMMETER 图标，一般不需要修改内阻，只需切换直流（DC）、交流（AC）模式，用于测量直流、交流信号的电流。

3.1.8　常用虚拟仪器的使用

虚拟仪器在电路仿真时起到了非常直观的重要作用，使用方法也非常简单，如同添加元件一样，下面将介绍数字万用表、函数信号发生器、双通道示波器和波特图示仪的使用。

1. 数字万用表

如图 3.1.14 所示的数字万用表可以用来测量交、直流电流，交、直流电压以及电阻和分贝，图中的 A 为电流、V 为电压、Ω 为电阻、dB 为分贝、∿ 为交流、— 为直流，测量交流信号时用交流模式，测量值为有效值，测量直流信号时用直流模式。万用表的＋、－端用来与待测设备的端点连接，测量直流信号时，要注意接线的极性。单击 Set... 将出现如图 3.1.15 所示的对话框，可对万用表的内部参数进行设置。与实际万用表不同的是，数字万用表可以设定内阻。

图 3.1.14　数字万用表

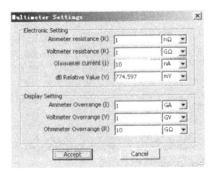

图 3.1.15　万用表参数设置

2. 函数信号发生器

函数信号发生器可以输出正弦波、三角波和方波，其面板如图 3.1.16 所示。输出波形的频率、占空比、幅度和直流偏置等参数都可以调整。注意设定的参数是在"＋"与

"Common 端（公共端）"输出或"－"与"Common 端"输出的，这两种输出方式的波形是反相的，若从"＋"、"－"端输出，则信号幅值将增大一倍。

图 3.1.16　函数信号发生器的面板

3. 双通道示波器

示波器可以用来显示电信号波形的形状、幅值、频率等参数。点击仪表工具栏中的示波器 ▦ ，调出一台双通道示波器，如图 3.1.17 所示。它有 6 个接线端子，分别为 A 通道正、负端，B 通道正、负端和接入外触发信号的正、负端，可同时显示 A、B 两个信号的波形。双击示波器，出现如图 3.1.18 所示的面板。

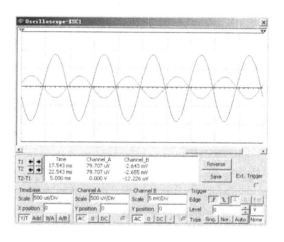

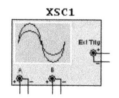

图 3.1.17　双通道示波器

图 3.1.18　双踪示波器的面板

1）接线

（1）A 通道或 B 通道的正端用一根导线与待测点连接，测量的是该点与地之间的波形。

（2）A 通道（或 B 通道）的正、负端接到器件的两端，测量的是器件两端的信号波形。

2）结果显示区

示波器面板的上方是波形显示区，有两条垂直的游标可供测量时间和幅值之用，测量结果在中间的结果显示区用数据显示出来。

（1）T1 ←→（或 T2 ←→）：单击左右箭头可改变垂直游标 1（或游标 2）的位置，也可直接在波形显示区里移动游标 1（或游标 2）的位置。

Time：从上到下分别为垂直游标 1 当前的位置、垂直游标 2 当前的位置、两游标之间的位置差（T2－T1）。

Channel A：从上到下分别为垂直游标 1 在 A 通道的电压值、垂直游标 2 在 A 通道的电压值、两游标之间的电压差（$U_{A2}-U_{A1}$）。

Channel B：从上到下分别为垂直游标 1 在 B 通道的电压值、垂直游标 2 在 B 通道的电压值、两游标之间的电压差（$U_{B2}-U_{B1}$）。

（2） Reverse ：改变波形显示区的背景颜色，在白与黑之间切换。

（3） Save ：以 ASCII 文件形式保存扫描数据。

（4） Ext. Trigger ：退出和触发端。

3）Timebase 区

在 Timebase 区可设置 X 轴方向时间基线位置和时间刻度值。

Scale：设置 X 轴方向每一刻度代表的时间。单击此栏后，出现上下翻转的列表，可根据实际需要选择适当的时间刻度值。

X position：设置 X 轴方向时间基线的起始点位置，修改它可使时间基线左右移动。

Y/T：Y 轴显示输入信号，X 轴显示时间基线，并按设置时间进行扫描，当要显示随时间变化的信号波形时，常采用这种方式。

Add：X 轴显示时间，Y 轴显示通道 A 与通道 B 信号电压之和。

B/A：将 B 通道信号加在 Y 轴上，A 通道信号作为 X 轴扫描信号。

A/B：与 B/A 相反，这两种方式可用于显示李莎育图形。

4）Channel A 区

在 Channel A 区可设置 A 通道输入信号在 Y 轴方向上显示的标度。

Scale：设置 A 通道信号在 Y 轴方向上每格代表的电压值。单击此栏后，出现上下翻转的列表，可根据实际需要选择适当的值。

Y position：用来调整时间基线在显示屏中的上下位置。当此值大于零时，时间基线在屏幕中线的上方，反之在下方。

AC：交流耦合，仅显示输入信号的交变分量。

0：代表输入信号对地短路。

DC：直流耦合，显示输入信号的交直流分量之和。

5）Channel B 区

在 Channel B 区可设置 B 通道输入信号在 Y 轴方向上显示的标度，设置方法与 A 通道相同，比 Channel A 区多了一个"-"按钮。按下"-"按钮，B 通道的输入信号将反相显示在屏幕上。

6）Trigger 区

在 Trigger 区可设置示波器的触发方式。

$\boxed{f\ \text{ᘰ}}$：选择输入信号的上升沿或下降沿作为触发信号。

$\boxed{A\ B}$：设置用 A 通道（或 B 通道）的输入信号作为同步 X 轴时基扫描的触发信号。

$\boxed{\text{Ext}}$：用示波器图标上的触发端子 T 连接的信号作为触发信号来同步 X 轴时基扫描。

Level：选择触发电平的大小（单位可选），其值范围为－999～999 kV。

Sing.：设置单脉冲触发。

Nor.：设置一般脉冲触发。

Auto：自动触发，示波器通常采用此方式。

None：无触发。

4. 波特图示仪

波特图示仪是用来分析电路的频率响应，测量电路的幅频和相频特性的，其作用类似于实验室中的扫频仪。如图 3.1.19 所示，波特图示仪有输入和输出两个端口，其中输入端口（In）的"＋"端连接电路的输入端，输出端口（Out）的"＋"端连接电路的输出端，两个"－"端与电路的模拟地相连。使用波特图示仪时，必须在 In 端口接入一个交流信号源，其参数可任意。

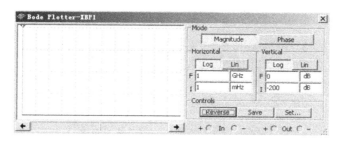

图 3.1.19　波特图示仪的面板

波特图示仪面板的各按键说明如下：

Magnitude：显示幅频特性曲线。

Phase：显示相频特性曲线。

Save：以 BOD 格式保存测量结果。

Set：设置扫描分辨率，其值越大，读数精度越高，运行时间越长，默认值是 100。

Vertical 区：设定 Y 轴的刻度类型。选 Log（对数）键，Y 轴的单位是 dB（分贝）；选 Lin（线性）键，Y 轴是线性刻度。下面的 F 栏设置最终值，I 栏设置初始值，最终值须大于初始值。

Horizontal 区：设定 X 轴的频率范围。为了清楚显示某一频率范围的频率特性，可将 X 轴的频率范围设定小一些。

测量读数：拖动读数指针，可测量某个频率点的幅值或相位。

3.1.9　电路分析

1. 直流工作点分析

以图 3.1.9 所示的单管放大电路为例，启动 Simulate 菜单中 Analyses 子菜单下的 DC Operating Point...命令，打开直流工作点分析对话框，如图 3.1.20 所示，在 Variables in circuit 选取电路中需要分析的节点以及流过电压源的电流等变量，然后点击 Add 按钮，则这些变量将移到右边 Selected variables for analysis 栏中。如果要删除右边栏内的变量，只需选中并点击 Remove 按钮，即可把不需要仿真的变量返回到左边栏中，然后点击 Simulate 按钮，则系统会显示出测试结果，如图 3.1.21 所示。图中的参数表示电路中各节点的电压值及流过电压源V1和V2的电流值，由此判断原理图中晶体管工作的状态、静态电流等参数设置是否合理。

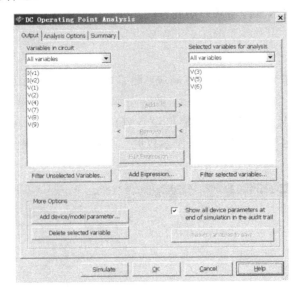

图 3.1.20 直流工作点分析对话框

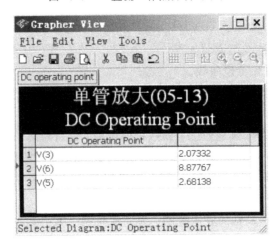

图 3.1.21 直流工作点的测试结果

2. 交流分析

以图 3.1.9 所示的单管放大电路为例，单击设计工具栏 按钮下的 AC Analysis 命令，弹出如图 3.1.22 所示的交流分析设置对话框。在 Frequency Parameters 标签页中，Start frequency 用来设置起始频率，Stop frequency 用来设置终止频率，Sweep type 用来选择扫描类型(Decade 为十倍程扫描，Octave 为八倍程扫描，Linear 为线性扫描)，Number of points per decade 用来设置每十倍频率的取样数量，Vertical scale 用来设置纵轴刻度，有 Linear(线性)、Logarithmic(对数)、Decible(分贝)和 Octave(八倍)四种方式。

在 Output 标签页中，选定需要分析的节点(如电路的输出节点 9)，最后点击 Simulate 按钮，即可获得节点 9 的交流频率特性，如图 3.1.23 所示。

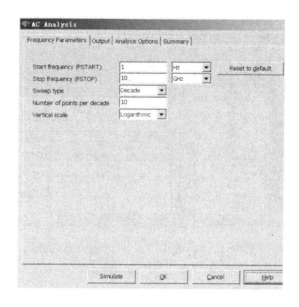

图 3.1.22　交流分析设置对话框

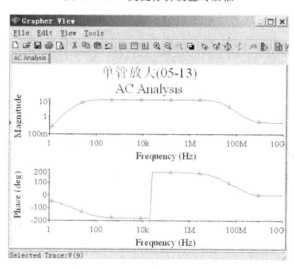

图 3.1.23　幅频特性和相频特性曲线

3.2　西门子 STEP 7 – Micro/WIN 使用指南

3.2.1　STEP 7 – Micro/WIN 编程软件简介

STEP 7 – Micro/WIN 是西门子公司专门为 S7 – 200 系列 PLC 的开发而设计的，是基于 Windows 的应用软件，其功能非常强大，主要为用户开发控制程序所使用，同时也可以作为实时监控用户程序的执行状态使用。

STEP 7 – Micro/WIN V4.0 SP3 版的基本界面如图 3.2.1 所示。

图 3.2.1 STEP 7 - Micro/WIN V4.0 SP3 版的基本界面

STEP 7 - Micro/WIN 各部分功能如下：

(1) 菜单栏：利用鼠标单击或对应热键的操作，用于执行各种命令，如图 3.2.2 所示。

文件(F)　编辑(E)　查看(V)　PLC(P)　调试(D)　工具(T)　窗口(W)　帮助(H)

图 3.2.2　菜单栏

(2) 工具栏：提供常用命令或工具的快捷按键，可分为标准工具栏、调试工具栏、常用工具栏、指令工具栏，如图 3.2.3～图 3.2.6 所示。

图 3.2.3　标准工具栏

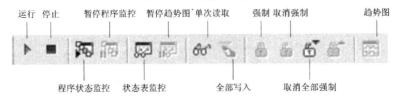

图 3.2.4　调试工具栏

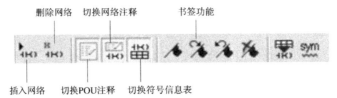

图 3.2.5　常用工具栏

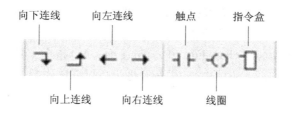

向下连线　　向左连线　　触点　　指令盒
向上连线　　向右连线　　线圈

图 3.2.6　指令工具栏

（3）浏览条：显示常用编程按钮，包括程序块、符号表、状态表、数据块、系统块、交叉引用、通讯和设置 PG/PC 接口，可用菜单命令"查看(V)→框架(M)→浏览条(V)"选择是否打开。

（4）指令树：提供编程时用到的所有快捷操作命令和 PLC 指令，可用菜单命令"查看(V)→框架(M)→指令树(I)"选择是否打开。

（5）交叉引用：查看程序的交叉引用和元件使用信息。

（6）数据块：显示和编辑数据块内容。

（7）状态表：可在联机调试时监视各变量的值和状态。

（8）符号表：在实际编程中，为了增加程序的可读性，常用带有实际含义的符号名称作为编程元件，如编程时用 start 作为编程元件，而不用 I0.0。符号表用来建立自定义符号与直接地址之间的对应，并可加注释。

（9）输出窗口：用来显示程序编译的结果信息。

（10）状态栏：提供软件的操作状态信息。

（11）程序编辑器：可用 LAD(梯形图)、STL(语句表)和 FBD(功能块图)编程器编写用户程序，单击程序编辑器窗口底部的标签，可以在主程序(MAIN)、子程序(SBR_0)和中断服务程序(INT_0)之间切换。

（12）局部变量表：对局部变量(即子程序和中断服务程序使用的变量)所作的定义赋值。

3.2.2　STEP 7 - Micro/WIN 的编程

1. 建立程序文件

可用菜单命令"文件(F)→新建(N)"建立一个新的程序文件，新建的程序文件自动命名为"项目 1"，可单击"文件(F)→保存(S)"或"文件(F)→另存为(A)"命令对它重命名。

2. 编辑程序

STEP 7 - Micro/WIN 支持 LAD、STL 和 FBD 三种编程方式，其中 LAD 是默认的编程模式，下面以图 3.2.7 所示的梯形图为例介绍一些基本编辑操作。

1）输入程序指令

输入程序指令有以下三种方法：

方法 1：利用 LAD 指令工具栏(如图 3.2.6 所示)，点击触点、线圈或指令盒按钮，在弹出的下拉菜单中选择所要的指令，单击即可输入指令。

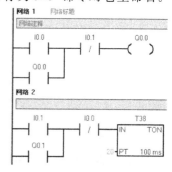

图 3.2.7　编程举例

方法 2：在指令树窗口中，有按指令类别编排的若干子目录，如图 3.2.8 所示，进入子目录找到要输入的指令后，用鼠标拖放（或双击）到编程器中。

方法 3：使用特殊功能键（F4、F6、F9），与使用 LAD 指令工具栏的按钮相同。

输入操作数：如图 3.2.9 中的"??.?"表示此处必须有操作数，可单击"??.?"输入操作数，如"I0.0"、"Q0.0"等。

图 3.2.8　指令树

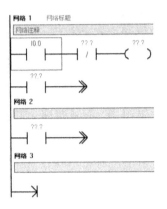

图 3.2.9　输入编程元件

使用线段操作：对复杂的结构，必须使用线段操作，如向下连线 ⤵ 和向上连线 ⤴，如图 3.2.9 所示，当光标在"I0.0"时，点击下连线 ⤵，即可与另一元件并联。图 3.2.9 中的 → 表示可在此继续输入元件，↗ 表示一个网络的开始。注意：每个网络（程序段）相当于继电器控制图中的一个电流通路，一个网络只能有一个"能流"通路。

2）插入和删除

在编辑区点击鼠标右键，弹出如图 3.2.10 所示的菜单，可以对行、列、竖线、网络、子程序和中断程序进行插入或删除操作。

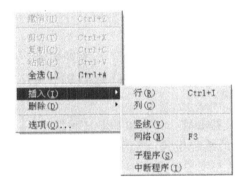

图 3.2.10　插入和删除

3）块操作

在编辑器电源母线左侧用鼠标单击，可以选取整个程序段，按住鼠标左键拖动，可以选取多个程序段。块选择后，可以对块进行剪切、复制、删除和粘贴，操作十分方便。

4）符号表

单击浏览条中的"符号表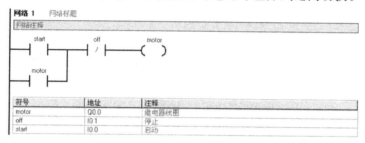"，或单击菜单命令"查看(V)→组件(C)→符号表(T)"打开符号表。在符号列中输入符号名，在地址列中输入地址，在注释列中输入注释，如图3.2.11所示。

			符号	地址	注释
1			start	I0.0	启动
2			off	I0.1	停止
3			motor	Q0.0	继电器线圈
4					
5					

图 3.2.11　符号表

执行一次编译指令，就可以使符号表应用于程序中，如图3.2.12所示。单击菜单命令"查看(V)→符号寻址(A)"，可在符号寻址方式与绝对寻址方式之间切换。

图 3.2.12　使用符号寻址的程序

注意：有些英文符号是系统保留的，不能作为符号名使用，Micro/WIN不允许输入这些保留字。

5）局部变量表

将光标移到程序编辑器的上边缘，拖动上边缘向下，则自动显示出局部变量表，若要在局部变量表中加入一个参数，可把光标移到要加入参数的区域，单击鼠标右键，使用弹出的快捷菜单来插入新变量行。

6）注释

为了使程序清晰易读，常需要加必要的注释。例如，单击工具栏上的 ▨ 和 ▨ 按钮，可切换程序注释和程序段注释的显示，用鼠标在注释处单击即可直接编辑注释，可以输入多行的文本，也可以用中文注释。程序段标题也是直接输入即可。图3.2.13所示为梯形图编辑窗口。

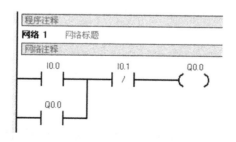

图 3.2.13　梯形图编辑窗口

7）编译

程序编辑完成后，可用"PLC(P)→编译(C)"或"PLC(P)→全部编译(A)"选项，也可单击工具栏 ☑ 或 ☑ 按钮来执行编译功能。其中，单击 ☑ 编译当前所在的程序窗口或数据块窗口，单击 ☑ 编译项目文件中所有可编译的内容。

执行编译后，在输出窗口会显示相关的结果，如图 3.2.14 所示。如果显示编译中发现了程序错误，可双击错误信息，会自动在程序编辑器窗口中显示相应出错的程序段，以便修改。

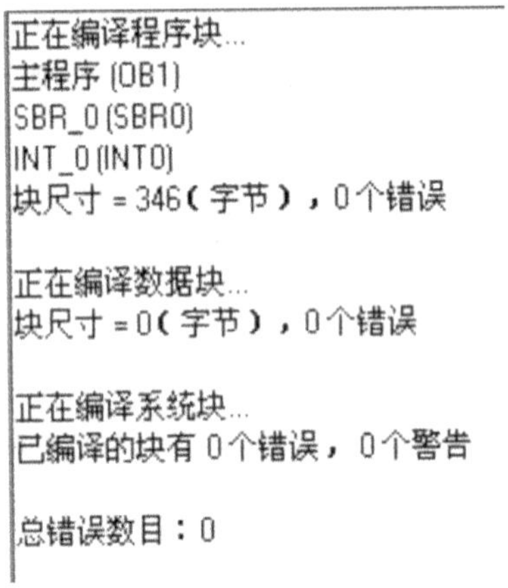

```
正在编译程序块...
主程序 (OB1)
SBR_0(SBR0)
INT_0(INT0)
块尺寸 = 346（字节），0个错误

正在编译数据块...
块尺寸 = 0（字节），0个错误

正在编译系统块...
已编译的块有 0个错误，0个警告

总错误数目：0
```

图 3.2.14　信息输出窗口

3.2.3　下载和运行

当程序编译无误后，便可下载到 PLC 中。下载前应将 PLC 置于 STOP 模式，有两种方法：

方法 1：把 S7-200 上的状态开关拨到"TERM"，再单击工具栏的 ■ STOP 图标。

方法 2：把 S7-200 上的状态开关拨到"STOP"位置。

然后点击工具栏下载按钮 ≛，若提示 CPU 类型不符，则需点击"改动项目"按钮，再点击"下载"按钮；当出现"下载成功"后，单击"确定"按钮即可。另外，≜ 键为上载，即把 PLC 中的程序调入电脑。

当程序下载到 PLC 后，要运行程序，需将 PLC 置于"RUN"状态，可单击工具栏上的 ▶ 图标(当 S7-200 状态开关拨到 TERM 位置时)，或把 S7-200 上的状态开关拨到 RUN 位置。

3.2.4　程序监视

利用程序编辑器在 PLC 运行时监视程序对各元件的执行结果，并可监视操作数的数值。

当 PLC 置于 RUN 模式时，单击菜单命令"调试(D)→开始程序状态监控(P)"，或者单击工具栏上的 🔤 按钮，即可进入程序监视状态，如图 3.2.15 所示。

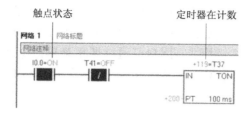

图 3.2.15　程序监视

3.3　Quartus Ⅱ 使用指南

Quartus Ⅱ软件是美国 Altera 公司提供的可编程片上系统(SOPC)设计的一个综合开发环境。Quartus Ⅱ集成环境包括系统级设计、嵌入式软件开发、可编程逻辑器件(PLD)设计、综合、布局和布线、验证和仿真,由于其强大的设计能力和直观易用的接口,越来越受到数字系统设计者的欢迎。

Quartus Ⅱ软件含有 FPGA 和 CPLD 设计所有阶段的解决方案,设计流程如图 3.3.1 所示。

本节将结合 Quartus Ⅱ 7.2 版本软件介绍 CPLD 的设计流程,包括创建项目、设计输入、综合与编译、编程下载的全过程,从而掌握软件的基本操作方法及熟悉系统基本设置。

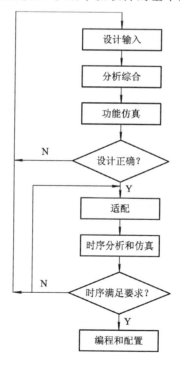

图 3.3.1　Quartus Ⅱ 的设计流程

3.3.1　Quartus Ⅱ 7.2 用户界面

初次打开 Quartus Ⅱ 7.2 软件时,可在 Quartus Ⅱ用户界面和 MAX＋PLUS Ⅱ用户

界面之间进行选择，满足不同类型用户的需求。启动 Quartus Ⅱ 后，可看到如图 3.3.2 所示的用户界面。用户界面由标题栏、菜单栏、工具栏、工程导航窗口、状态显示窗口、信息提示窗口及工程工作区等区域构成，用户可通过调用菜单命令 Tools→Customize...，在弹出的 Customize 对话框中根据个人操作习惯，自定义开发环境的布局、菜单、命令和图表等。

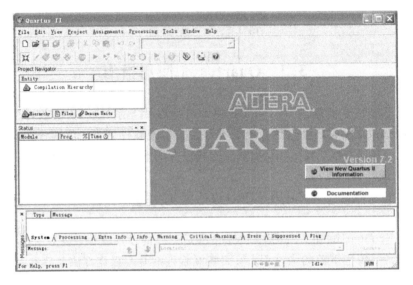

图 3.3.2　Quartus Ⅱ 7.2 用户界面

3.3.2　创建一个新项目

开始一个新电路设计时，必须创建一个新项目，步骤如下：

（1）执行 File→New Project Wizard... 命令，出现如图 3.3.3 所示的对话框，需要指定项目的工作目录、项目名以及顶层文件名。工作目录不能用汉字，只能用英文字母或数字表示，这里设置为 D：\test，项目名可选择与工作目录相同，也可以不同，Quartus Ⅱ 会自动建议项目名与顶层设计实体名相同。

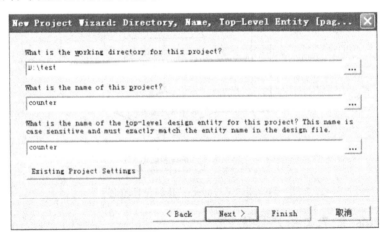

图 3.3.3　创建一个新项目

（2）单击 Next 按钮，出现如图 3.3.4 所示的对话框，可进行设计文件及库文件的添加工作，若不需要则直接单击 Next 按钮。

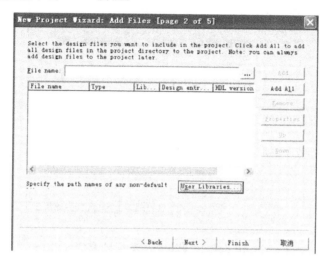

图 3.3.4　添加用户文件

（3）进入如图 3.3.5 所示的对话框，必须指定设计电路所使用的器件型号。根据实验板选择 MAX II 系列的 EPM240T100C5 芯片。

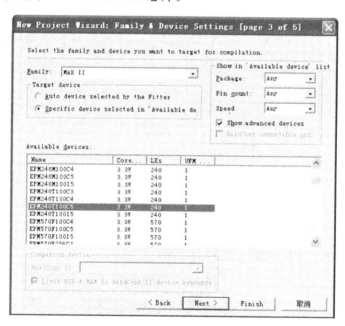

图 3.3.5　选择器件系列和型号

（4）单击 Next 按钮，出现如图 3.3.6 所示的对话框，用户可指定使用第三方开发软件，这里不用选择，单击 Next 按钮进入下一步。

（5）进入整个项目设置的总结，如图 3.3.7 所示。最后单击 Finish 按钮，回到 Quartus II 软件的主窗口，如图 3.3.8 所示。

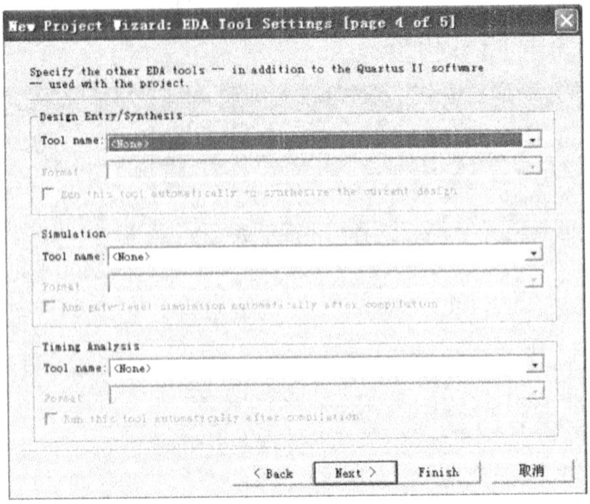

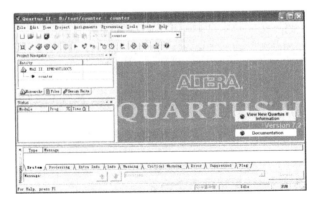

图 3.3.6 设置第三方 EDA 软件

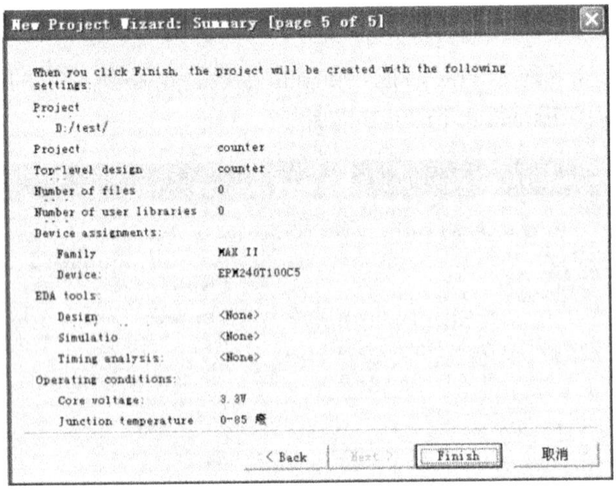

图 3.3.7 项目设置总结

图 3.3.8 Quartus II 显示创建的新项目

3.3.3 使用图形编辑器输入设计文件

以 3 个 JK 触发器构成三位二进制同步计数器作为设计实例,电路如图 3.3.9 所示。

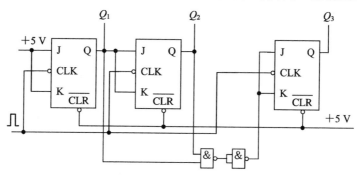

图 3.3.9 三位二进制同步计数器

执行 File→New...菜单命令,进入如图 3.3.10 所示的对话框,选择 Block Diagram/Schematic File 选项,单击 OK 按钮,将出现如图 3.3.11 所示的图形编辑窗口。然后执行 File→Save As...菜单命令,出现如图 3.3.12 所示的对话框,输入原理图文件名,选中 Add file to current project 复选框,单击保存按钮,把文件保存在工作目录 D:\test 中。

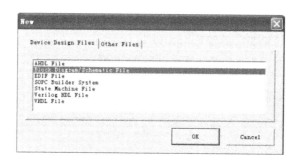

图 3.3.10 创建原理图文件

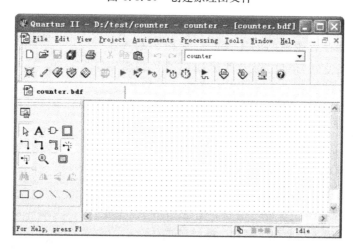

图 3.3.11 图形编辑窗口

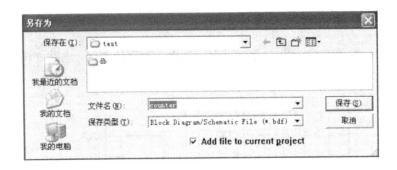

图 3.3.12 保存原理图文件

图形编辑器提供了许多元件库，可以满足电路图设计的需要。双击图 3.3.11 所示图形编辑器的空白区或者单击工具栏上的图标 ，出现如图 3.3.13 所示的元件管理窗口。

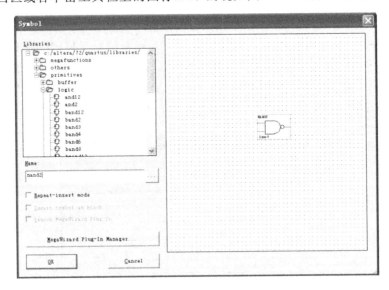

图 3.3.13　元件管理窗口

打开库文件管理目录，首先展开 Libraries，然后展开 primitives，打开保存有逻辑门的库 logic。选择 2 输入与非门 nand2 并双击它，与非门符号就出现在图形编辑窗口。用鼠标把它移到合适的位置，单击放置这个与非门。如果不知道元件存在哪个库，也可以直接在元件管理窗口 Name 下面的栏中输入器件的型号，然后单击 OK 按钮放置元件。

在图形编辑窗口，任意逻辑符号都可以通过鼠标单击按住拖到一个新的位置。如果需要编辑这个器件，可以把鼠标放在器件的符号上，单击右键，出现如图 3.3.14 所示的快捷菜单，可进行复制、删除、旋转等工作。

图 3.3.14　编辑器

在完成电路器件符号输入后，还必须给电路定义输入输出端口，选择库 primitive/pin 中的端口符号，向电路图中放入 4 个输入端和 3 个输出端，得到如图 3.3.15 所示的窗口。

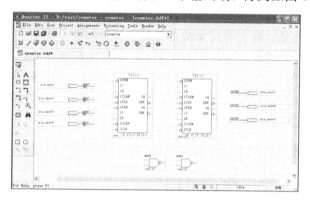

图 3.3.15　调出的器件

双击输入、输出端子，出现如图 3.3.16 所示的对话框，给引脚命名。

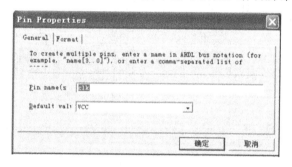

图 3.3.16　修改引脚名字

电路图中的各个元件必须通过导线连接起来。把鼠标放在元件引脚旁边，会出现一个十字形的图标，此时按下鼠标左键，并移动鼠标拖出导线，到达要连接的引脚时，松开鼠标，导线就把两个引脚连接起来了。当一条线与另一条线相连时，会产生一个节点，如果连线画错了，可以用鼠标单击此线，再右击鼠标，在弹出的菜单中点击 Delete 按钮，即可删除。如图 3.3.17 所示是连线后的电路图。

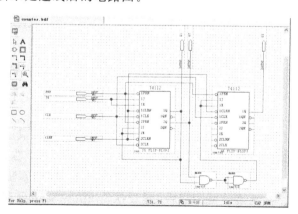

图 3.3.17　三位二进制同步计数器电路

3.3.4 全程编译

执行 Processing→Start Compilation 命令，即运行全程编译命令。该命令是一项综合命令，它包含了语法排错、网表文件生成与提取、逻辑综合、适配生成编程配置文件等各项工作，执行此命令后，即可获得用于下载到目标器件的配置文件。

完整的编译分成几个阶段，编译的进度在窗口的左边显示，编译成功（或不成功）会跳出一个对话框，单击 OK 按钮，出现如图 3.3.18 所示的界面。在底部的信息窗口会显示各种信息，如有错误，也能查到相应的提示。

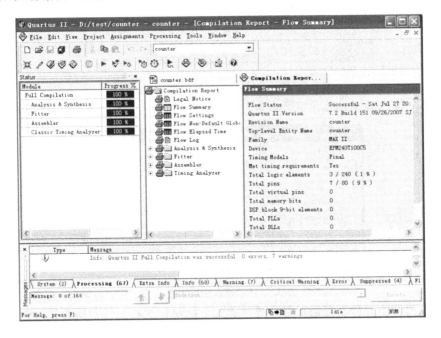

图 3.3.18 编译后的报告

当编译不成功时，在状态窗口中每条错误都对应一个消息，用鼠标双击一条错误消息，就能查到错误的详细信息。改正错误后，需要重新编译，直到编译成功才能进入下一步流程。

3.3.5 管脚分配

管脚分配是将逻辑设计的输入/输出端口与硬件相结合，将其指定到目标器件的 I/O 口上或具有特定功能的管脚（如 CLK 输入脚）上。这样 CPLD 目标芯片外围的硬件资源就可和片内的逻辑实现连接，以配合片内的逻辑设计工作。

分配管脚要按实验板来设置，管脚的分配由分配编辑器完成。执行 Assignments→Pins 命令，就会出现如图 3.3.19 所示的窗口。双击输入端 CLK 右边的 Location 的输入栏，如图 3.3.20 所示，选择 PIn_12 的时钟输入端子。用同样的方法分配其他管脚，最后结果如图 3.3.21 所示。在正确分配管脚后，需要执行 File→Save 保存管脚配置信息，并重新编译设计项目。

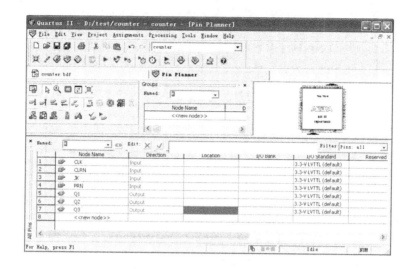

图 3.3.19 管脚的分配窗口

PIN_6	IOBANK_1	Row I/O			
PIN_7	IOBANK_1	Row I/O			
PIN_8	IOBANK_1	Row I/O			
PIN_12	IOBANK_1	Row I/O	GCLK0p		
PIN_14	IOBANK_1	Row I/O	GCLK1p		
PIN_15	IOBANK_1	Row I/O			
PIN_16	IOBANK_1	Row I/O			
PIN_17	IOBANK_1	Row I/O			

图 3.3.20 指定管脚

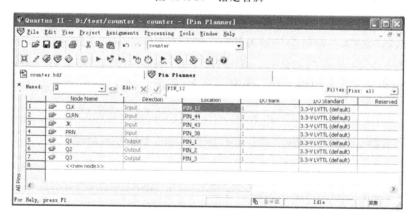

图 3.3.21 完成管脚分配

3.3.6 设计电路的仿真

电路下载到 CPLD 之前，可以通过软件仿真来检验电路的正确性。

（1）建立波形文件。执行 File→New... 命令，选择 Other Files 选项下的 Vector Waveform File，如图 3.3.22 所示，波形编辑窗口如图 3.3.23 所示。

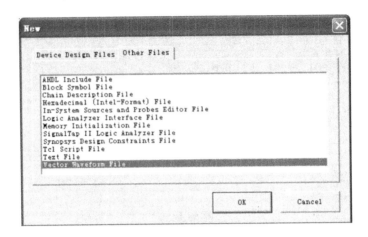

图 3.3.22　新建矢量波形文件

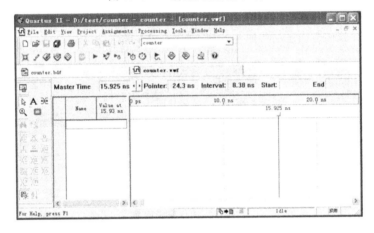

图 3.3.23　波形编辑窗口

（2）把电路的输入、输出信号加入仿真。执行 Edit→Insert→Insert Node or Bus...命令，打开如图 3.3.24 所示的对话框。点击 Node Finder...按钮，然后再点击 List 按钮，输入输出节点就会显示在窗口的左边，如图 3.3.25 所示。

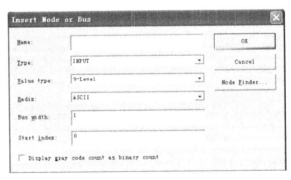

图 3.3.24　节点或总线对话框

选择 3.3.25 中左边的节点，接着单击符号 2 ，把它们加入右边的节点盒，再单击 OK 按钮，就会出现如图 3.3.26 所示的显示波形的编辑窗口。

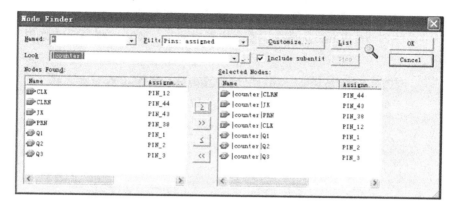

图 3.3.25 选择节点进入波形编辑器

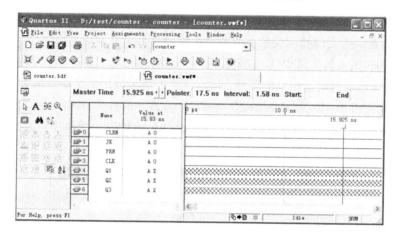

图 3.3.26 仿真需要的节点

（3）仿真设置。

设置仿真时长：执行 Edit →End Time... 命令，在弹出的菜单中设置 160 ns，如图 3.3.27 所示。

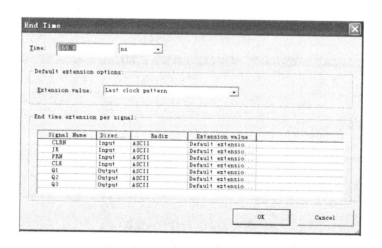

图 3.3.27 设置仿真时长

设置栅格大小：执行 Edit →Grid Size...命令，设置栅格为 10 ns。

执行 View →Fit in Window 命令，整个仿真时间 0～160 ns 将显示在如图 3.3.28 所示的窗口中。

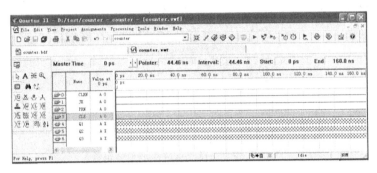

图 3.3.28　仿真时长和栅格设置

（4）定义仿真中输入信号的波形。设置可选择的信号为 0、1、未知值（X）、高阻态（Z）、无关态（DC）、翻转原来的值（INV），或定义为一个时钟信号等，通过执行 Edit→Value 命令来选择，或单击波形编辑器上相应的图标；用右键单击一个波形的名字，也可以打开编辑菜单。在本实例中，CLRN、JK、PRN 都取高电平，点击 ⏶，时钟信号 CLK 点击 ⓧ，出现如图 3.3.29 所示的对话框，其中 Start 设置为 0，表示时钟起始状态为低电平，选择 Timing 选项卡，设置 Count 为 10 ns，与栅格大小一致。仿真输入端设置如图 3.3.30 所示。

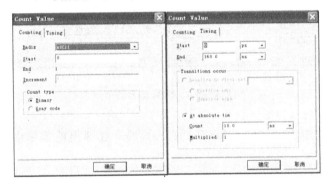

图 3.3.29　时钟设置

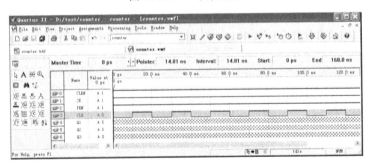

图 3.3.30　仿真输入设置

（5）运行仿真程序。电路仿真一般有两种模式：一种是假设逻辑元件和连接导线非常完美，信号在这些线路上没有延时，这种方法称为功能仿真，它用来验证设计电路功能的正确性,仿真时间较短;另一种仿真是把电路所有的延时都考虑在内,叫做时序仿真。

执行 Processing→Simulator Tool 命令,打开仿真工具对话框,如图 3.3.31 所示。选取功能仿真(Functional)模式,然后点击 Generate Functional Simulation Netlist 按钮,产生功能仿真网表文件,最后点击 ▶ Start 运行仿真程序。仿真结束后,Quartus Ⅱ会显示仿真成功,点击 ⊕ Report 铵钮,打开如图 3.3.32 所示的仿真结果。若选择时序(Timing)仿真模式,可得到如图 3.3.33 所示的结果。对应于输入时钟信号,输出信号延时了约 7 ns。

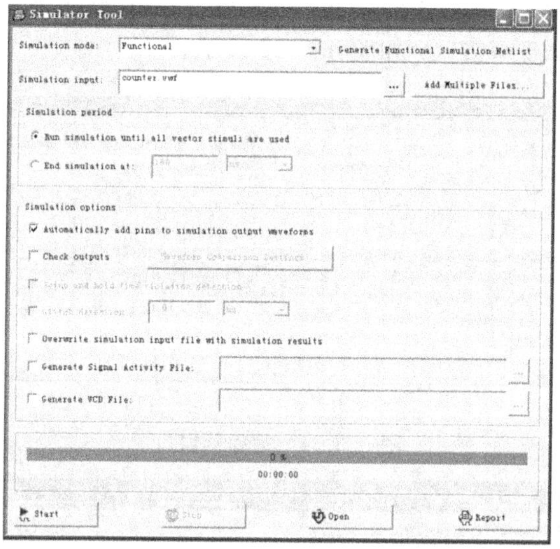

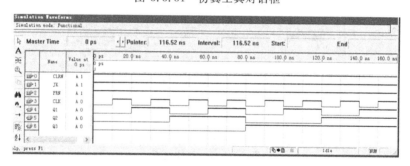

图 3.3.31 仿真工具对话框

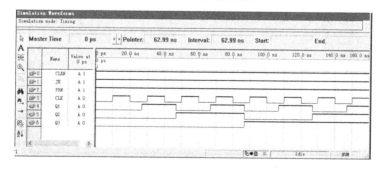

图 3.3.32 功能仿真结果

图 3.3.33 时序仿真结果

3.3.7 编程和配置 CPLD 器件

CPLD 器件必须编程和配置才能完成设计电路的功能。配置文件是通过 Quartus Ⅱ 软件编译器的汇编模块来产生的，配置数据通过电脑，经过 USB 下载电缆，送到实验板的数据端口。

执行 Tools→Programmer 命令，打开如图 3.3.34 所示的窗口，如果没有安装 USB 下载线的驱动程序，需安装驱动后才能设置。然后点击 Hardware Setup... 进行下载硬件设置，选择 USB-Blaster 下载方式，如图 3.3.35 所示。

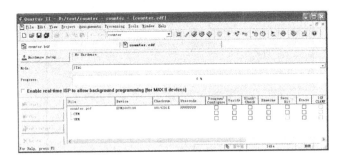

图 3.3.34　编程器窗口

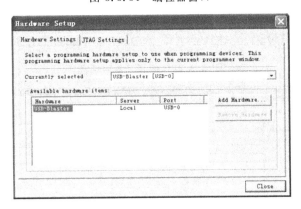

图 3.3.35　硬件设置

完成设置的界面如图 3.3.36 所示。点击 Start 按钮，开始下载，如图 3.3.37 所示。

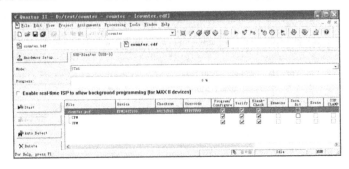

图 3.3.36　完成设置的界面

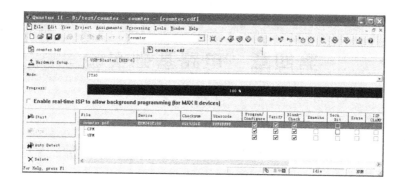

图 3.3.37　下载完成

3.3.8　测试设计电路

把配置数据下载到 CPLD 后，就可以开始测试电路，把实验板的电源开关打开，设置输入端 PRN、JK 和 CLRN 为高电平，CLK 端输入 1 Hz 的时钟脉冲，验证输出端的指示灯是否显示有三位二进制的计数脉冲，若硬件验证不能通过，需要重新检查设计原理图。

第四章 电路基础实验

实验一 电路元件伏安特性的测量

一、实验目的

（1）了解线性电阻与非线性电阻伏安特性的差别。

（2）掌握独立电源伏安特性的测量方法，加深对电压源、电流源特性的认识。

（3）掌握交直流稳压电源、台式数字万用表的使用方法。

（4）练习实验曲线的绘制。

二、实验原理

（1）线性电阻是双向元件，其端电压 u 与其中的电流 i 成正比，即 $u = Ri$，其伏安特性是 $u-i$ 平面内通过坐标原点的一条直线，直线斜率为 R，如图 4.1.1 所示。

（2）非线性电阻如二极管是单向元件，其 u、i 的关系为 $i = I_S(\mathrm{e}^{au}-1)$，其伏安特性是 $u-i$ 平面内过坐标原点的一条曲线，如图 4.1.2 所示。

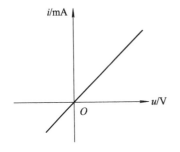

图 4.1.1　线性电阻伏安特性

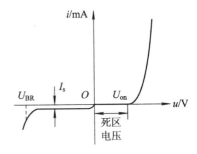

图 4.1.2　二极管伏安特性

（3）实际电压源为理想电压源 U_S 与内阻 R_S 的串联组合，如图 4.1.3 所示。其端口电压与端口电流的关系为 $U = U_S - R_S I$，伏安特性是斜率为 R_S 的一条直线，如图 4.1.4 所示。

图 4.1.3　实际电压源模型

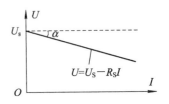

图 4.1.4　实际电压源伏安特性

$R_{\mathrm{S}}=0$ 时的电源器件称为"恒压源"（即理想电压源），其特性曲线与横轴 I 平行。

（4）实际电流源为理想电流源 I_{S} 与内阻 R_{S} 的并联组合，如图 4.1.5 所示。其端口电压与端口电流的关系为 $I=I_{\mathrm{S}}-U/R_{\mathrm{S}}$。伏安特性是斜率为 R_{S} 的一条直线，如图 4.1.6 所示。

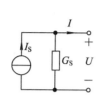
图 4.1.5　实际电流源模型

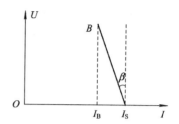
图 4.1.6　实际电流源伏安特性

$R_{\mathrm{S}}=\infty$ 的电源器件称为"恒流源"（即理想电流源），其特性曲线与纵轴 U 平行。可见，同一电源器件，不同的工作范围，所用的电路模型不同。

三、实验设备及器材

（1）电子电路实验箱；

（2）电压源，电流源；

（3）万用电表；

（4）电阻元件、半导体二极管。

四、预习及思考

（1）预习关于电阻元件伏安特性关系、电压源与电流源的外特性等内容。

（2）对实验电路的理论值进行分析与计算，自己设计实验方法。

（3）稳压管与二极管有何区别？稳压管有哪些用途？

五、实验内容及步骤

1. 测量线性电阻的伏安特性

线性电阻器伏安特性的测定：用万用表测量电阻器的阻值 R_1。按图 4.1.7 接线，R 为限流电阻器，调节稳压电源 U_{S} 的数值，测出对应的电压表和电流表的读数，由公式 U/I 计算出电阻值 R' 并记入表 4.1.1 中。画出线性电阻的伏安特性曲线。

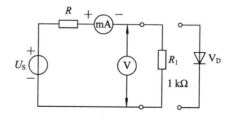
图 4.1.7　元件伏安特性的测定

表 4.1.1　线性电阻器的伏安特性

U/V	2	4	6	8	10
I/mA					
$R'/\text{k}\Omega$					

2. 测量非线性电阻元件的伏安特性

将图 4.1.7 中的电阻换成二极管，先测二极管的正向特性，正向压降可在 0～0.75 V 之间取值。特别是在曲线的弯曲部分(0.5～0.75 之间)适当多取几个测量点，其正向电流不得超过 25 mA，所测数据记入表 4.1.2 中。

表 4.1.2　二极管正向特性实验

U/V	0	0.4	0.5	0.55	0.6	0.65	0.68	0.70	0.72	0.75
I/mA										

作反向特性实验时，需将二极管 V_D 反接，其反向电压可在 0～30 V 之间取值，所测数据记入表 4.1.3 中。

表 4.1.3　二极管反向特性实验

U/V	0	−5	−10	−15	−20	−25	−30
I/mA							

3. 测量理想电源和实际电源的伏安特性

(1) 按图 4.1.8(a)接好电路，检查无误后接通电源，$R_\text{S}=300\ \Omega$ 作电源内阻。

(2) 测量理想电压源和实际电压源的外特性。按图 4.1.8(b)接线，完成表 4.1.4 的测量内容。

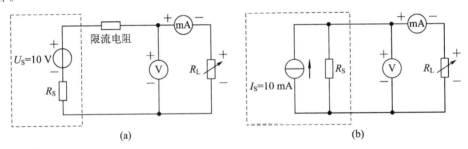

(a)　　　　　　　　　　　　　(b)

图 4.1.8　电源的外特性测量电路

表 4.1.4　理想电压源和实际电压源的外特性

R_L/Ω		100	200	300	510	1 k	2 k	∞
$R_\text{S}=0$	I/mA							
	U/V							
$R_\text{S}=300\ \Omega$	I/mA							
	U/V							

（3）测量理想电流源和实际电流源的外特性。按图 4.1.8(b)接线，完成表 4.1.5 的测量内容。

表 4.1.5 理想电流源和实际电流源的外特性

R_L/Ω		100	200	300	510	1 k	2 k	∞
$R_S = \infty$	I/mA							
	U/V							
$R_S = 1\ k\Omega$	I/mA							
	U/V							

根据表 4.1.3 和表 4.1.4 的数据，在坐标纸上作出各自的伏安特性曲线。

六、实验注意事项

（1）测量二极管正向特性时，稳压电源输出应从小到大逐渐增加，应时刻注意电流表读数不得超过 35 mA。

（2）进行不同实验时，应先估算电压和电流值，合理选择仪表的量程，勿使仪表超量程，仪表的极性亦不可接错。

七、实验思考与总结

（1）什么是线性电阻和非线性电阻？电阻器与二极管的伏安特性有何区别？

（2）从伏安特性看，欧姆定律对哪些元件成立？对哪些元件不成立？

（3）在做电流源伏安特性时，为什么负载不能为零？

（4）根据各实验数据，分别在坐标纸上绘制出光滑的伏安特性曲线。其中二极管和正、反向特性要求画在同一张图中，正、反向电压可取不同的比例尺。

实验二　基尔霍夫定律和叠加原理的验证

一、实验目的

（1）验证基尔霍夫电流定律和电压定律。

（2）验证叠加原理，加深对线性电路的叠加性与齐次性的认识和理解。

（3）加深理解设置电量参考方向的必要性，了解参考方向在实验过程中的应用方法。

（4）初步掌握实验电路简单故障的分析方法。

二、实验原理

基尔霍夫定律是电路的基本定律。测量某电路各支路电流及每个元件两端的电压，应能满足基尔霍夫电流定律（KCL）和电压定律（KVL）。即对电路中的任一个节点而言，$\sum I = 0$；对于电路中的任一回路而言，$\sum U = 0$。运用基尔霍夫定律，都要注意各支路或闭合回路中电流电压的方向。

基尔霍夫定律的适用条件仅与电路的结构有关，而与元件的性质无关，无论元件是线性或非线性、有源或无源、时变或时不变的，都遵循基尔霍夫定律。

叠加原理的内容是：在有多个独立源共同作用下的线性电路中，通过每一个元件的电流或其两端的电压，可看成每个电源单独作用时在该元件产生的电压或电流的代数和。

线性电路的齐次性是指当激励信号增加 K 倍或减少为原来的 $1/K$ 时，电路的响应也将增加 K 倍或减少为原来的 $1/K$。

三、实验设备及器材

(1) 电子电路实验箱；

(2) 电路模块小板；

(3) 电流表；

(4) 万用表；

(5) 电压源、电流源。

四、预习及思考

(1) 阅读基尔霍夫定律的相关内容，理解相应的实验目的，自己设计实验方法。

(2) 计算图 4.2.1 电路中各支路电流及各元件电压的理论值，并据此选择毫安表和电压表的量程。

(3) 实验电路中，测量电压电流时，要判断实际方向，并与设定的参考方向进行比较，如不一致，则在该数值前加"－"号。

(4) 实验中，各支路的电压或电流可以运用叠加定理，功率是否可以叠加？

五、实验内容及步骤

(1) 找到实验模块 A1 板，电路图如图 4.2.1 所示。

(2) 把实验箱上的直流稳压电源 12 V 接到左边 E_1，在实验箱右下角可调电源组里用万用电表调出 6 V 电源接到右边 E_2，断电后接入电路中，检查无误后接通电源，按表 4.2.1 测量各支路电流及各电阻端电压。

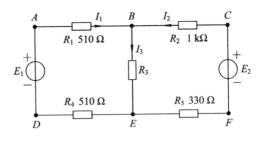

图 4.2.1　实验电路图

表 4.2.1　电流基尔霍夫定理和叠加定理验证

测量项目 \ 实验内容	E_1/V	E_2/V	I_1/mA		I_2/mA		I_3/mA		验证节点 B: $\sum I = 0$
			理论值	测量值	理论值	测量值	理论值	测量值	
E_1 单独作用	12	0							
E_2 单独作用	0	6							
E_1、E_2 共同作用	12	6							

表 4.2.2   电压基尔霍夫定理和叠加定理验证

测量项目 实验内容	E_1/V	E_2/V	U_{AB}/V	U_{BC}/V	U_{BE}/V	U_{ED}/V	U_{FE}/V	验证 $\sum U=0$ 回路 ABEDA	回路 ABCFEDA
E_1 单独作用	12	0							
E_2 单独作用	0	6							
E_1、E_2 共同作用	12	6							

六、实验注意事项

（1）选择电源作用时，注意实验小板的开关拨动方向，短路表示无电源接入，开路表示外接电源。

（2）测量各支路电流时，注意支路的开关拨动方向，接通表示电流表无读数（相当于电流表短路），断开表示电流表有效。

（3）测量各支路电流和电压时，应按设定的参考方向正确接入表笔，即红表笔接＋，黑表笔接－，数据记录时注意正负号。

七、实验思考与总结

（1）根据实验得到的数据表格进行分析比较，归纳总结实验结论，即验证基尔霍夫定律和叠加原理的正确性。

（2）电路中某支路电压源改为电流源，则该电源不起作用时，应该如何处理？

（3）实验电路中，若将电阻 330 Ω 改为二极管，叠加原理还成立吗？为什么？

实验三   戴维南定理和诺顿定理及最大功率传输条件的验证

一、实验目的

（1）通过实验验证戴维南定理和诺顿定理，加深对该定理的理解。

（2）了解含源一端口网络的外特性和电源等效变换条件。

（3）验证最大功率传输定理，掌握直流电路中功率匹配的条件。

（4）通过实验加强对参考方向的掌握和运用的能力。

二、实验原理

任何一个线性含源网络，如果仅研究其中一条支路的电压和电流，则可将电路的其余部分看做一个有源二端网络（或称为含源二端口网络）。

1. 戴维南定理

戴维南定理指出，一个含独立电源受控源和线性电阻的一端口网络，其对外作用可以用一个电压源串联电阻的等效电源代替，其等效电压等于此一端口网络的开路电压，其等效内阻是一端口网络内部各独立电源置零后所对应的不含独立电源的一端口网络的输入电阻（或称等效电阻）。

2. 诺顿定理

诺顿定理指出，任何一个线性有源二端网络对外部电路的作用，可以用一个电流源与一个电阻的并联组合来等效代替，此电流源的电流等于这个有源二端网络的短路电流 I_{SC}，其等效内阻 R_0 等于该网络中所有独立源均置零时的等效电阻。

U_{OC} 和 R_0 或者 I_{SC} 和 R_0 称为有源二端网络的等效参数。

3. 负载获得最大功率的条件

图 4.3.1 可视为由一个电源向负载输送电能的模型，R_0 可视为电源内阻和传输线路电阻的总和，R_L 为可变负载电阻。负载 R_L 上消耗的功率 P 可由下式表示：

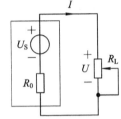

$$P = I^2 R_L = \left(\frac{U}{R_0 + R_L}\right)^2 R_L$$

当 $R_L = 0$ 或 $R_L = \infty$ 时，电源输送给负载的功率均为零。而以不同的 R_L 值代入上式可求得不同的 P 值，其中必有一个 R_L 值，使负载能从电源处获得最大的功率。根据数学求最大值的方法，令负载功率表达式中的 R_L 为自变量，P 为应变量，并使

图 4.3.1　电源送电模型

$dP/dR_L = 0$，计算表明当满足 $R_L = R_0$ 时，负载从电源获得的最大功率为

$$P_{MAX} = \left(\frac{U}{R_0 + R_L}\right)^2 R_L = \left(\frac{U}{2R_L}\right)^2 R_L = \frac{U^2}{4R_L}$$

即可求得最大功率传输的条件为 $R_L = R_0$。这时，称此电路处于"匹配"工作状态。

在电路处于"匹配"状态时，电源本身要消耗一半的功率，此时电源的效率只有 50%。显然，这在电力系统的能量传输过程中是绝对不允许的。发电机的内阻是很小的，电路传输的最主要指标是要高效率送电，最好是 100% 的功率均传送给负载。为此负载电阻应远大于电源的内阻，即不允许运行在匹配状态。而在电子技术领域里却完全不同。一般的信号源本身功率较小，且都有较大的内阻。而负载电阻（如扬声器等）往往是较小的定值，且希望能从电源获得最大的功率输出，而电源的效率往往不予考虑。通常设法改变负载电阻，或者在信号源与负载之间加阻抗变换器（如音频功放的输出级与扬声器之间的输出变压器），使电路处于工作匹配状态，以使负载能获得最大的输出功率。

4. 等效电阻 R_0 的测量方法

方法一：由戴维南定理和诺顿定理可知

$$R_0 = \frac{U_{OC}}{I_{SC}}$$

因此只要测出有源二端网络输出端开路电压 U_{OC}、短路电流 I_{SC} 就可以通过公式计算出 R_0，但如果有可能因短路电流过大而损坏网络内部元件则不宜用此法。

方法二：用直接测量法测等效内阻 R_0。将被测有源网络内的所有独立源置零（去掉电流源 I_s 和电压源 U_s，并在原电压源所接的两点用一根短路导线相连），然后用万用表的欧姆挡去测定负载 R_L 开路时 A、B 两点间的电阻，此即为被测网络的等效内阻 R_0。

方法三：由分压原理测等效内阻。测出有源二端网络输出端开路电压 U_{OC}，在端口处接一负载电阻 R_L，然后再测出负载电阻的端电压 U_{RL}。根据公式

$$U_{\mathrm{RL}} = \frac{U_{\mathrm{OC}}}{R_0 + R_{\mathrm{L}}} R_{\mathrm{L}}$$

计算出

$$R_0 = \left(\frac{U_{\mathrm{OC}}}{U_{\mathrm{RL}}} - 1\right) R_{\mathrm{L}}$$

方法四:用半电压法测 R_0。如图 4.3.2 所示,当负载电压为被测网络开路电压的一半时,负载电阻(由电阻箱的读数确定)即为被测有源二端网络的等效内阻值。

方法五:用零示法测 U_{OC}。在测量具有高内阻有源二端网络的开路电压时,用电压表直接测量会造成较大的误差。为了消除电压表内阻的影响,往往采用零示法测量,如图 4.3.3 所示。

零示法测量原理是用一低内阻的稳压电源与被测有源二端网络进行比较,当稳压电源的输出电压与有源二端网络的开路电压相等时,电压表的读数将为"0"。然后将电路断开,测量此时稳压电源的输出电压,即为被测有源二端网络的开路电压。

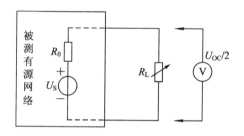

图 4.3.2 半电压法

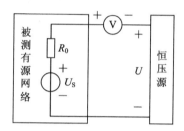

图 4.3.3 零示法

三、实验设备及器材

(1)电子电路实验箱;

(2)电路模块小板;

(3)电流表;

(4)万用表;

(5)电压源、电流源。

四、预习及思考

(1)实验中电压源置零,如何操作?电流源置零,又如何操作?

(2)比较有源二端网络开路电压及等效内阻的几种方法,思考各自的适用情况。

(3)在求戴维南或诺顿等效电路时做短路试验,测 I_{SC} 的条件是什么?在本实验中可否直接做负载短路实验?实验前对线路 4.3.4(a)预先做好计算,以便调整实验线路及测量时可准确地选取电表的量程,测量戴维南电路的 U_{OC}、R_0 和诺顿等效电路的 I_{SC}、R_0。

五、实验内容及步骤

(1)找到实验模块 A2 板,电路图如图 4.3.4 所示。

(2)用开路电压、短路电流法测定戴维南等效电路。按图 4.3.4(a),从实验箱接入稳

压电源 $U_S = 12 \text{ V}$ 和恒流源 $I_S = 10 \text{ mA}$,可调电流源要单独调好才接入电路,并且注意正负方向,不接入 R_L。测出 U_{OC} 和 I_{SC},并计算出 R_0,记录于表 4.3.1 中。

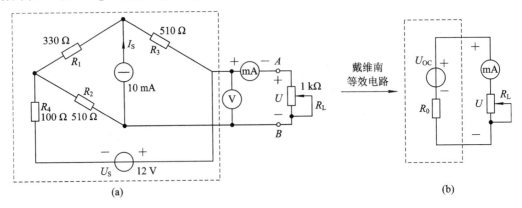

(a)　　　　　　　　　　　　　　　　　　　　(b)

图 4.3.4　实验电路图

表 4.3.1　等效模型测量

	开路 U_{OC}/V	短路 I_{SC}/mA	$R_0 = (U_{OC}/I_{SC})$/Ω	
计算值				
测量值			直接测量法	
			短路电流法	

(3) 测量有源二端网络的外特性。按图 4.3.4(a) 接入 R_L。改变 R_L 的阻值,测量负载两端的电压及流过的电流,记录于表 4.3.2 中。

表 4.3.2　原电路外特性

R/Ω	100	200	300	510	1000	2000	
U/V							
I/mA							

(4) 验证戴维南定理和最大功率传输条件。用阻值为 R_0 的电阻与直流稳压电源(调到步骤(1)中所测得的开路电压 U_{OC} 之值)相串联,如图 4.3.4(b)所示,仿照步骤(3)测量其外特性,记录于表 4.3.3 中,对戴维南定理进行验证。

表 4.3.3　等效电路外特性及最大功率条件

R/Ω	100	200	300	510	1000	2000	
U/V							
I/mA							
计算 P							
效率							

(5) 验证诺顿定理。用阻值为 R_0 的电阻与直流恒流源(调到步骤(1)中所测得的短路电流 I_{SC} 之值)相并联,如图 4.3.5 所示,仿照步骤(3)测量其外特性,自行对诺顿定理进行验证。

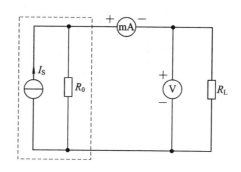

图 4.3.5 诺顿定理

六、实验注意事项

（1）电压源置零时不可将稳压源短接。

（2）用万表直接测量 R_0 时，网络内的独立源必须先置零，以免损坏万用表。

（3）用零示法测量 U_{OC} 时，应先将稳压电源的输出调至接近于 U_{OC}，再按图测量。

（4）改接线路时，要关掉电源。

七、实验思考与总结

（1）分别绘出曲线，验证戴维南定理和诺顿定理的正确性，并分析产生误差的原因。

（2）测得的 U_{OC} 和 R_0 与预习时电路计算的结果作比较，能得出什么结论？

（3）根据电路参数求出理论上的 P_{max}，与实际值 P 进行比较，计算相对误差。

（4）电力系统进行电能传输时为什么不能工作在匹配状态？

（5）实际应用中，等效的内阻是否随电源而变？

（6）电源电压的变化对最大功率传输的条件有无影响？

实验四　受控源 VCVS、VCCS、CCVS、CCCS 的实验研究

一、实验目的

（1）加深对受控电源的认识和理解。

（2）熟悉由运算放大器组成受控源电路的分析方法，了解运算放大器的应用。

（3）掌握测试受控源的外特性、转移参数及负载特性的方法。

二、实验原理

受控源向外电路提供的电压或电流受其他支路的电流或电压的控制，因而受控源是双口元件：一个为控制端口或称输入端口，输入控制量（电压或电流）；另一个为受控端口或称输出端口，向外电路提供电压或电流。受控端口的电压或电流受控制端口的电压或电流的控制。根据控制变量与受控变量之间的不同组合，受控源可分为四类，即 VCVS、VCCS、CCVS 和 CCCS，如图 4.4.1 所示。

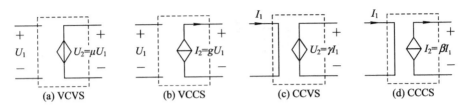

图 4.4.1 受控源模型

受控源的控制端与受控端的关系式称为转移函数。四种受控源的转移函数参量的定义如下：

（1）压控电压源（VCVS）：$U_2 = f(U_1)$，$\mu = U_2/U_1$ 称为转移电压比（或电压增益）。

（2）压控电流源（VCCS）：$I_2 = f(U_1)$，$g = I_2/U_1$ 称为转移电导。

（3）流控电压源（CCVS）：$U_2 = f(I_1)$，$r = U_2/I_1$ 称为转移电阻。

（4）流控电流源（CCCS）：$I_2 = f(I_1)$，$\beta = I_2/I_1$ 称为转移电流比（或电流增益）。

下面对用运放构成的四种类型基本受控源的线路原理进行分析。

1. VCVS

压控电压源（VCVS）如图 4.4.2 所示。

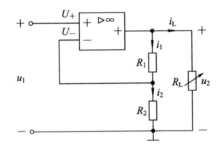

图 4.4.2 压控电压源（VCVS）

由于运放的虚短路特性，有

$$u_+ = u_- = u_1 \qquad i_2 = \frac{u_-}{R_2} = \frac{u_1}{R_2}$$

又因运放的输入电阻为 ∞，有

$$i_1 = i_2$$

所以

$$u_2 = i_1 R_1 + i_2 R_2 = i_2 (R_1 + R_2)$$
$$= \frac{u_1}{R_2}(R_1 + R_2) = \left(1 + \frac{R_1}{R_2}\right) u_1$$

即运放的输出电压 u_2 只受输入电压 u_1 的控制，与负载 R_L 大小无关。电路模型如图 4.4.1 (a)所示。

转移电压比

$$\mu = \frac{u_2}{u_1} = 1 + \frac{R_1}{R_2}$$

其中，μ 为无量纲，又称为电压放大系数。

这里的输入、输出有公共接地点，这种连接方式称为共地连接。

2. VCCS

压控电流源（VCCS）如图 4.4.3 所示。

此时，运放的输出电流为

$$i_L = i_R = \frac{u_-}{R} = \frac{u_1}{R}$$

即运放的输出电流 i_L 只受输入电压 u_1 的控制，与负载 R_L 大小无关。转移电导

$$g = \frac{i_L}{u_1} = \frac{1}{R}(S)$$

这里的输入、输出无公共接地点，这种连接方式称为浮地连接。

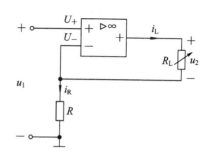

图 4.4.3　压控电流源（VCCS）

3. CCVS

流控电压源（CCVS）如图 4.4.4 所示。

由于运放的"+"端接地，所以 $u_+ = 0$，"—"端电压 u_- 也为零，此时运放的"—"端称为虚地点。显然，流过电阻 R 的电流 i 就等于网络的输入电流 i_S。

此时，运放的输出电压 $u_2 = -i_1 R = -i_S R$，即输出电压 u_2 只受输入电流 i_S 的控制，与负载 R_L 大小无关。

转移电阻

$$r = \frac{u_2}{i_S} = R(\Omega)$$

此电路为共地连接。

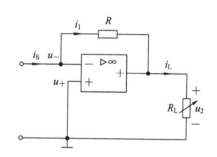

图 4.4.4　流控电压源（CCVS）

4. CCCS

流控电流源（CCCS）如图 4.4.5 所示。

$$u_a = -i_2 R_2 = -i_1 R_1$$

$$i_L = i_1 + i_2 = i_1 + \frac{R_1}{R_2} i_1 = \left(1 + \frac{R_1}{R_2}\right) i_1 = \left(1 + \frac{R_1}{R_2}\right) i_S$$

即输出电流 i_L 只受输入电流 i_S 的控制，与负载 R_L 大小无关。电路模型如图 4.4.1(d) 所示。

转移电流比

$$\beta = \frac{i_L}{i_S} = \left(1 + \frac{R_1}{R_2}\right)$$

其中，β 为无量纲，又称为电流放大系数。此电路为浮地连接。

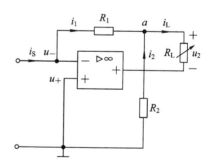

图 4.4.5　流控电流源（CCCS）

三、实验设备及器材

（1）电子实验箱；

（2）受控源特性研究专用实验板；

（3）电压源、电流源；

（4）数字万用表；

（5）集成运算放大器 $\mu\text{A}741$、电阻元件。

四、预习及思考

（1）受控源控制量的极性反向，其输出极性是否发生变化？

（2）根据实验内容中的受控源电路原理图，按照给定元件的参数进行分析计算，求出各受控源参数 μ、g、γ、β 的值，并理解 μ、g、γ、β 的含义。

（3）受控源的控制特性是否适合于交流信号？

五、实验内容及步骤

利用运算放大器构成的受控源（VCVS、VCCS、CCVS、CCCS）分别如图 4.4.6～图 4.4.9 所示，分别求出其转移电压比（电压增益）μ、转移电导 g、转移电阻 γ 和转移电流比（电流增益）β。

1. 压控电压源（VCVS）

按图 4.4.6 所示接线，$R_2 = R_f = 10\ \text{k}\Omega$。

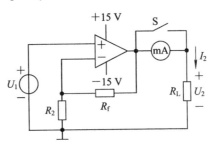

图 4.4.6　压控电压源（VCVS）

（1）受控源 VCVS 的转移特性 $U_2 = f(U_1)$。$R_L = 2\ \text{k}\Omega$，开关 S 闭合（不接入电流表）。按照表 4.4.1 的要求，调节直流稳压电源的输出电压 U_1，记录相应的 U_2 的值。

注意：不能使稳压直流电源的输出短路。

表 4.4.1　VCVS 转移特性表

U_1/V						
U_2/V						

（2）受控源 VCVS 的负载特性。开关 S 打开，接入电流表。调节并保持 $U_1 = 2\ \text{V}$，按照表 4.4.2 所示的要求，改变负载电阻 R_L 的值，完成相应测量内容。

表 4.4.2　VCVS 负载特性表

R_L/Ω						
U_2/V						
I_2/mA						

2. 压控电流源(VCCS)

按图 4.4.7 所示接线，$R_2 = 10 \text{ k}\Omega$。

（1）受控源 VCCS 的转移特性 $I_2 = f(U_1)$。$R_L = 2 \text{ k}\Omega$，开关 S 打开（接入电流表）。按照表 4.4.3 的要求，调节直流稳压电源的输出电压 U_1，记录相应的 I_2 的值。

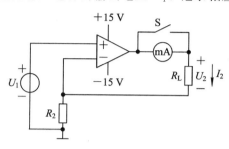

图 4.4.7　压控电流源（VCCS）

表 4.4.3　VCCS 转移特性表

U_1/V					
I_2/mA					

（2）受控源 VCCS 的负载特性 $I_2 = f(U_2)$。开关 S 打开，接入电流表。调节并保持 $U_1 = 2 \text{ V}$，按照表 4.4.3 所示的要求，改变负载电阻 R_L 的值，完成相应测量内容。

表 4.4.4　VCCS 负载特性表

R_L/kΩ					
U_2/V					
I_2/mA					

3. 流控电压源(CCVS)

按图 4.4.8 所示接线，$R_1 = 1 \text{ k}\Omega$，$R_2 = 510 \ \Omega$，$R_f = 1 \text{ k}\Omega$。

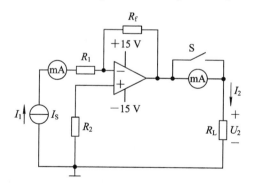

图 4.4.8　流控电压源（CCVS）

（1）受控源 CCVS 的转移特性 $U_2 = f(I_1)$。$R_L = 2 \text{ k}\Omega$，开关 S 闭合（不接入电流表）。按照表 4.4.5 的要求，调节直流电流源的输出电流 I_S（即 I_1），记录相应的 U_2 的值。

注意：不能使直流电流源的负载短路。

表 4.4.5　CCVS 转移特性表

I_1/mA					
U_2/V					

（2）受控源 CCVS 的负载特性。开关 S 打开，接入电流表。调节并保持 $I_1=9$ mA 不变。按照表 4.4.6 所示的要求，改变负载电阻 R_L 的值，完成相应测量内容。

表 4.4.6　CCVS 负载特性表

R_L/Ω					
U_2/V					
I_2/mA					

4. 流控电流源（CCCS）

按图 4.4.9 所示接线，$R_1=10$ kΩ，$R_2=6.8$ kΩ，$R_\text{f}=R=20$ kΩ。

（1）受控源 CCCS 的转移特性 $I_2=f(I_1)$。$R_\text{L}=300$ Ω，开关 S 断开（接入电流表）。按照表 4.4.7 的要求，调节直流电流源的输出电流 I_S（即 I_1），记录相应的 U_2 的值。

注意：不能使直流电流源的负载短路。

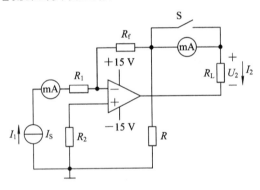

图 4.4.9　流控电流源（CCCS）

表 4.4.7　CCCS 转移特性表

I_1/mA					
U_2/V					

（2）受控源 CCCS 的负载特性。开关 S 打开，接入电流表。调节并保持 $I_1=9$ mA 不变。按照表 4.4.8 所示的要求，改变负载电阻 R_L 的值，完成相应测量内容。

表 4.4.8　CCCS 负载特性表

R_L/Ω					
U_2/V					
I_2/mA					

六、实验注意事项

（1）每次组装线路，必须事先断开供电电源，但不必关闭电源总开关。

（2）在用恒流源供电的实验中，不要使恒流源的负载开路。

（3）实验中，注意运放的输入电压不得超过 9 V。

七、实验思考与总结

（1）受控源和独立源相比有何异同点？比较四种受控源的代号、电路模型、控制量与被控量的关系。

（2）根据实验数据，分别绘出四种受控源的转移特性和负载特性曲线，并求出相应的转移参量。

（3）如何由两个基本的 CCVS 和 VCCS 获得其他两个 CCCS 和 VCVS，它们的输入、输出如何连接？

（4）受控源的控制特性是否适合于交流信号？

实验五　一阶 RC 电路的暂态过程分析

一、实验目的

（1）测定 RC 一阶电路的零输入响应、零状态响应及完全响应。

（2）学习电路时间常数的测量方法。

（3）掌握有关微分电路和积分电路的概念。

（4）进一步学会用示波器观测波形。

二、实验原理

1. 一阶 RC 电路的响应

一阶 RC 电路的全响应＝零状态响应＋零输入响应。当一阶 RC 电路的输入为方波信号时，一阶 RC 电路的响应可视为零状态响应和零输入响应的多次重复过程。在方波作用期间，电路的响应为零输入响应，即为电容的充电过程；在方波不作用期间，电路的响应为零输入响应，即为电容的放电过程。方波电压波形如图 4.5.1 所示。测量电路如图 4.5.2 所示。

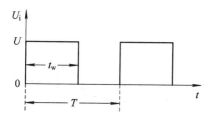

图 4.5.1　方波电压波形

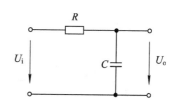

图 4.5.2　测时间常数和积分电路接线

2. 微分电路

如图 4.5.3 所示电路，将 RC 串联电路的电阻电压作为输出 U_o，且满足 $\tau \ll t_w$ 的条件，则该电路就构成了微分电路。此时，输出电压 U_o 近似地与输入电压 U_i 成微分关系，即

$$U_o \approx RC \frac{\mathrm{d}u_i}{\mathrm{d}t}$$

微分电路的输出波形为正负相同的尖脉冲。其输入、输出电压波形的对应关系如图 4.5.4 所示。在数字电路中，经常用微分来将矩形脉冲波形变换成尖脉冲作为触发信号。

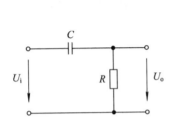

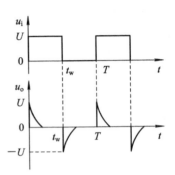

图 4.5.3　微分电路和耦合电路接线　　　　图 4.5.4　微分电路波形

3. 积分电路

积分电路与微分电路的区别是：积分电路取 RC 串联电路的电容电压作为输出 U_o（如图 4.5.2 所示），且时间常数满足 $\tau \gg t_w$。此时只要取 $\tau = RC \gg t_w$，则输出电压 U_o 近似地与输入电压 U_i 成积分关系，即

$$U_o \approx \frac{1}{RC} \int u_i \mathrm{d}t$$

积分电路的输出波形为锯齿波。当电路处于稳态时，其波形对应关系如图 4.5.5 所示。注意：U_i 的幅度值很小，实验中观察该波形时要调小示波器 Y 轴的挡位。

4. 耦合电路

RC 微分电路只有在满足时间常数 $\tau = RC \ll t_w$ 的条件下，才能在输出端获得尖脉冲。如果时间常数 $\tau = RC \gg t_w$，则输出波形已不再是尖脉冲，而是非常接近输出电压 U_i 的波形，这就是 RC 耦合电路，而不再是微分电路。这里电容 C 称为耦合电容，常应用在多级交流放大电路中做级间耦合，起沟通交流、隔断直流的作用。其波形对应关系如图 4.5.6 所示。

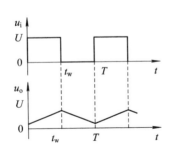

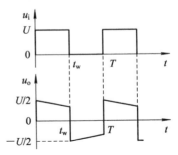

图 4.5.5　积分电路波形　　　　　　图 4.5.6　耦合电路波形

注意比较输入、输出电压波形的区别。

三、实验设备及器材

（1）模拟/数字电路实验箱；

（2）双踪示波器；

（3）电阻电容元器件；

（4）信号发生器。

四、预习及思考

（1）什么是电路中的暂态过程？

（2）电路时间常数 τ 的物理意义是什么？

（3）RC 微分电路和积分电路的电路结构特点、条件是什么？

（4）对于 RC 串联的电路，当外加电源周期为 T 的方波时，满足怎样的参数条件，电容电压波形近似为方波？

五、实验内容及步骤

（1）调节函数信号发生器，使输出方波 U_i 的峰值电压 $U=2$ V，周期 $T=5$ ms，即频率 $f=200$ Hz。将此方波电压 U_i 从示波器 Y 轴输入，观察并校准该波形后描述下来。

（2）选择适当 R、C 元件，令 $R=20$ kΩ，$C=0.022$ μF 组成串联电路，并按图 4.5.2 所示的 RC 充放电电路接线，观察一阶 RC 电路中电阻和电容的波形。

（3）用示波器读出电路时间常数 τ，并与理论值比较。

利用电容充电（或放电）过程测量一阶 RC 暂态电路时间常数 $\tau(\tau=RC)$ 的实验方法为：用秒表法记录电容充电开始到充电电压或电流上升为其稳态值 $U_o(I_o)$ 时的 0.632 倍所经历的时间即可得到时间常数 τ，或记录电容放电开始到放电电压或电流下降为其初始值 $U_o(I_o)$ 时的 0.632 倍所经历的时间即可得到时间常数 τ。图 4.5.7 所示为时间常数曲线。

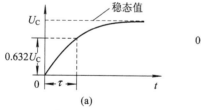 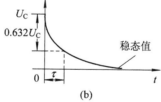

图 4.5.7　时间常数曲线

按下示波器光标按键，选择追踪。旋转按钮使 ΔY 从最低点上升 0.632 时，对应的 ΔX 值就是对应的时间常数 τ。

注意信号发生器的金属屏蔽线（地线）必须与示波器的屏蔽线相连接。用示波器测量 RC 充放电电路的时间常数，具体做法如图 4.5.8 所示。

（4）选择合适的 R 和 C 的值构成微分电路、积分电路和耦合电路，利用示波器的双踪功能同时观察 U_C、U_R 的波形。自行设计数据，记录在表 4.5.1 中。

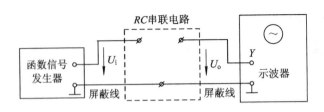

图 4.5.8　仪器与电路的连接

表 4.5.1　测量数据

电路及波形名称	电路图	电路参数		波形图
输入电压波形 （$f = 200$ Hz）		周期	5 ms	
		脉宽	2.5 ms	
		幅度	2 V	
RC 电路暂态过程电容 电压波形 u_C		R	20 kΩ	
		C	0.022 μF	
		τ	计算值	
			测量值	
RC 电路暂态过程电阻 电压波形 u_R		R	20 kΩ	
		C	0.022 μF	
		τ	计算值	
			测量值	
微分电路		R		
		C		
		τ		
耦合电路		R		
		C		
		τ		
积分电路		R		
		C		
		τ		

六、实验注意事项

（1）在实验室用方法一测量 τ 时，可用秒表或示波器读出数据。由于误差较大，所以需要采用多次测量取平均值的方法以减小误差。

（2）根据 RC 电路充放电曲线的变化规律，取测试点时，应在曲线变化率大的地方多取几点，以便准确地描绘曲线。

（3）注意充电电压不应超过电容器的额定值。

（4）实验时应将信号发生器与示波器的接地端连接在一起，即做到"共地"，以防外界干扰影响到测量的准确性。

七、实验思考与总结

（1）写出 RC 充电电路上电容电压的动态过程的时间函数表达式，并据此说明为什么实验中到电容电压波形幅值的 0.632 倍处对应的时间轴刻度就是该电路的时间常数。

（2）根据实验结果说明构成微分电路和积分电路的条件。

（3）将实验中观测到的微分电路、积分电路和耦合电路的波形集中按相同比例对应画出。

（4） RC 串联电路中，满足怎样的条件，电容上的电压波形近似为三角波？当 RC 电路在方波激励时，为什么微分电路的输出波形会出现突变部分，而积分电路的输出波形不会发生突变？

实验六　二阶电路的时域响应

一、实验目的

（1）掌握函数信号发生器、数字式双踪示波器的使用方法。

（2）研究二阶电路在过阻尼、临界阻尼和欠阻尼情况下的相应波形。

（3）研究二阶电路元件参数与响应的关系。

二、实验原理

1. 二阶电路

凡是含有两个独立储能元件，可以用二阶微分方程描述的电路称为二阶电路，如图4.6.1 所示的 RLC 串联电路即为二阶电路。

图 4.6.1 中的二阶电路可用以下微分方程描述：

$$LC \frac{\mathrm{d}^2 u_\mathrm{C}}{\mathrm{d}t^2} + RC \frac{\mathrm{d}u_\mathrm{C}}{\mathrm{d}t} + u_\mathrm{C} = u_\mathrm{S}$$

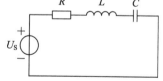

2. 二阶电路响应

上面方程的特征根方程为

图 4.6.1　RLC 串联电路

$$LCp^2 + RCp + 1 = 0$$

解出特征根为

$$\begin{cases} p_1 = -\dfrac{R}{2L} + \sqrt{\left(\dfrac{R}{2L}\right)^2 - \dfrac{1}{LC}} \\ p_2 = -\dfrac{R}{2L} - \sqrt{\left(\dfrac{R}{2L}\right)^2 - \dfrac{1}{LC}} \end{cases}$$

令 $u_\mathrm{C}(0_+) = U_0$。

（1）$R>2\sqrt{\dfrac{L}{C}}$，非振荡过程。

在这种情况下，特征根 p_1 和 p_2 是两个不等的负实数，电容上的电压为

$$u_C = \frac{U_0}{p_2 - p_1}(p_2 e^{p_1 t} - p_1 e^{p_2 t}) \quad （零输入情况）$$

零输入下，非振荡过程的响应曲线如图 4.6.2 所示。

$$u_C = \left[1 - \frac{1}{p_2 - p_1}(p_2 e^{p_1 t} - p_1 e^{p_2 t})\right]k\varepsilon(t) \quad （零状态情况）$$

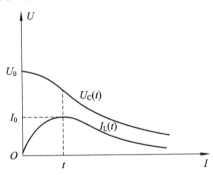

图 4.6.2　零输入下非振荡过程的响应曲线

（2）$R<2\sqrt{\dfrac{L}{C}}$，振荡过程。

在这种情况下，特征根 p_1 和 p_2 是一对共轭复数。若令：

$$\delta = \frac{R}{2L}, \quad \omega^2 = \frac{1}{LC} - \left(\frac{R}{2L}\right)^2$$

$$\omega_0 = \sqrt{\delta^2 + \omega^2}, \quad \beta = \tan^{-1}\frac{\omega}{\delta}$$

则有

$$p_1 = -\omega_0 e^{-j\omega}$$

这样，有

$$u_C = \frac{U_0}{p_2 - p_1}(p_2 e^{p_1 t} - p_1 e^{p_2 t})$$

$$= \frac{U_0}{\omega}e^{-\delta t}\sin(\omega t + \beta) \quad （零输入情况）$$

零输入下，振荡过程的响应曲线如图 4.6.3 所示。

$$u_C = \left[1 - \frac{U_0}{\omega}e^{-\delta t}\sin(\omega t + \beta)\right]k\varepsilon(t) \quad （零状态情况）$$

（3）$R=2\sqrt{\dfrac{L}{C}}$，临界情况。

在这种情况下，特征根方程具有重根：

$$p_1 = p_2 = -\frac{R}{2L} = \delta$$

微分方程的通解为

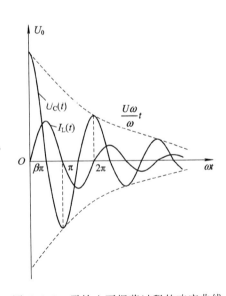

图 4.6.3　零输入下振荡过程的响应曲线

$$u_C = (A_1 + A_2)e^{-\delta t}$$

根据初始条件可得

$$\begin{cases} A_1 = U_0 \\ A_2 = \delta U_0 \end{cases}$$

故

$$u_C = U_0(1 + \delta t)e^{-\delta t} \quad \text{（零输入情况）}$$

$$u_C = [1 - (1 + \delta t)e^{-\delta t}]k\varepsilon(t) \quad \text{（零状态情况）}$$

零输入下，临界阻尼过程的响应曲线如图 4.6.4 所示。

这种过程是振荡与非振荡的分界线，所以称为临界非振荡过程。综上所述，二阶电路零状态响应三种情况的曲线如图 4.6.5 所示。

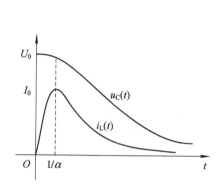

图 4.6.4　零输入下临界阻尼过程的响应曲线

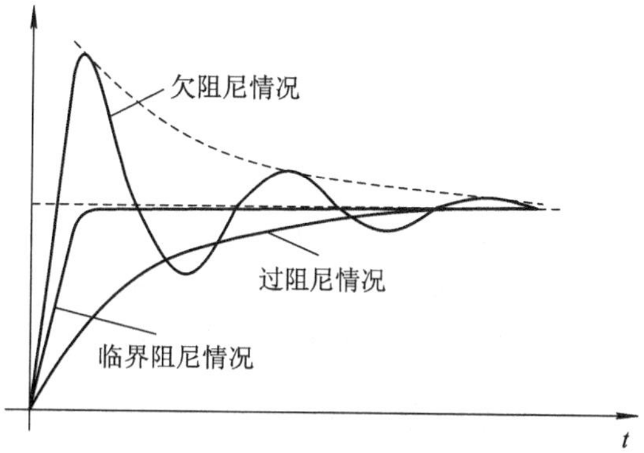

图 4.6.5　二阶电路零状态响应情况曲线

三、实验设备及器材

（1）函数信号发生器；

（2）数字双踪示波器；

（3）数字万用表；

（4）电阻、电容、电感元件。

四、预习及思考

（1）预习 RLC 电路动态响应的基本概念。

（2）对实验内容中的各项计算值进行计算，预测示波器应显示的波形。

五、实验内容及步骤

（1）按图 4.6.6 接线，电源为 $U_S = 2U_{pp}$ 的方波，其 $f = 1000$ Hz，占空比为 0.5；$L = 5$ mH。分别取以下三组不同的 R、C 值，观察并记下 u_S、u_C 波形、周期和峰峰值。

① $R = 0$，$C = 3300$ pF；

② $R = 0$，$C = 0.047$ μF；

③ $R = 51$ kΩ，$C = 3300$ pF。

（2）将图 4.6.6 中的 R 用可调电阻代替，$C = 3300$ pF，从 0 开始逐渐增大电阻箱的电阻值，通过示波器观察 u_C 的变化。当波形刚好不产生振荡时，记下此时电阻箱的电阻值，验证产生振荡的条件是

$$R \leqslant 2\sqrt{\frac{L}{C}}$$

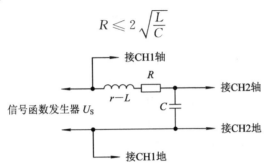

图 4.6.6　RLC 串联电路的接线图

六、实验注意事项

（1）注意被测电路的输入/输出端、函数信号发生器、数字双踪示波器要共地。

（2）描绘波形时，输入波形和输出波形的相位与幅值要对应。

（3）测临界振荡对应的电阻值时，注意断开电路，测可调电阻中接入的部分。

七、实验思考与总结

（1）整理实验得到的数据和波形（波形用坐标纸绘制），并与理论值进行比较，得出相应结论，分析误差产生的原因。

（2）根据实验观测结果，分析讨论 RLC 二阶电路的暂态过程。

（3）RLC 并联电路和 RLC 串联电路的响应之间存在什么关系？

实验七　RLC 串联谐振电路的研究

一、实验目的

（1）测定 RLC 串联电路的谐振频率，加深对其谐振条件和特点的理解。

（2）测量 RLC 串联电路的幅频特性、通频带和品质因数 Q 值。

二、实验原理

1. RLC 串联谐振

在图 4.7.1 所示的 RLC 串联电路中，电路的复阻抗：

$$Z = R + \mathrm{j}\left(WL - \frac{1}{WC}\right) = R + \mathrm{j}(X_L - X_C)$$

$$= R + \mathrm{j}X = |Z| \angle \varphi$$

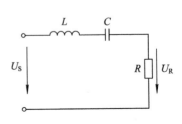

图 4.7.1　RLC 串联电路

电路的电流:

$$\dot{I} = \frac{\dot{U}_S}{Z} = \frac{\dot{U}_S}{R + j\left(WL - \dfrac{1}{WC}\right)}$$

改变输入正弦交流信号的频率（W）时，电路中的感抗、容抗都随之改变，电路的电流大小和相位也发生了变化。

当 RLC 串联电路的总电抗为零，即 $WL - \dfrac{1}{WC} = 0$ 时，电路处于谐振状态。此时 $Z = R$，$\dot{U}_S$ 与 $\dot{I}$ 同相。谐振角频率 $W_0 = \dfrac{1}{\sqrt{LC}}$，谐振频率 $f_0 = \dfrac{1}{2\pi\sqrt{LC}}$。

显然，电路的谐振频率 f_0 与电阻值无关，只与 L、C 的大小有关。当 $f < f_0$ 时，电路呈容性，阻抗角 $\varphi < 0$；当 $f = f_0$ 时，电路处于谐振状态，阻抗角 $\varphi = 0$，电路呈电阻性，此时电路的阻抗最小，电流 I_0 达到最大；当 $f > f_0$ 时，电路呈感性，阻抗角 $\varphi > 0$。

2. 品质因数 Q

当 RLC 串联谐振时，电感电压与电容电压大小相等，方向相反，且有可能大于电源电压。电感（或电容）上的电压与信号源电压之比，称为品质因数 Q，即

$$Q = \frac{U_L}{U_S} = \frac{U_C}{U_S} = \frac{W_0 L}{R} = \frac{1}{W_0 RC} = \frac{1}{R}\sqrt{\frac{L}{C}}$$

式中，$\sqrt{\dfrac{L}{C}}$ 称为谐振电路的特征阻抗，当电路的元件参数 L、C 不变时，不同的 R 值可得到不同的 Q 值。

3. 幅频特性和通频带

RLC 串联电路的电流大小与信号源角频率的关系，称为电流的幅频特性，其表达式为

$$I = \frac{U_S}{\sqrt{R^2 + \left(WL - \dfrac{1}{WC}\right)^2}} = \frac{U_S}{R\sqrt{1 + Q^2\left(\dfrac{W}{W_0} - \dfrac{W_0}{W}\right)^2}}$$

电流 I 随频率 f 变化的曲线如图 4.7.2 所示。当电路中的 L、C 和信号源电压 U_S 不变时，改变 R 值将得到不同的 Q 值的谐振曲线，Q 值越大，曲线越尖锐。

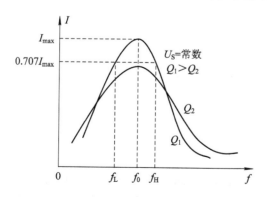

图 4.7.2　不同 Q 值时的电流幅频特性

设 I_0 为电路谐振时的电流有效值，则

$$I_0 = \frac{U_s}{R}$$

$$\frac{I}{I_0} = \frac{1}{\sqrt{1 + Q^2\left(\frac{f}{f_0} - \frac{f_0}{f}\right)^2}}$$

规定 $\frac{I}{I_0} = \frac{1}{\sqrt{2}}$ 时对应的两个频率 f_L 和 f_H 为通频带的下限频率和上限频率，通频带的宽度为

$$BW = f_H - f_L = \frac{f_0}{Q}$$

由 $\frac{I}{I_0} = f\left(\frac{W}{W_0}\right)$ 得出的曲线称为通用幅频曲线，如图 4.7.3 所示。可以看出，Q 值越高，曲线越陡，电路的选频特性越好；Q 值越小，曲线越平缓，选频特性越差。

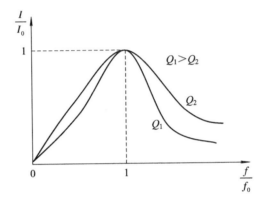

图 4.7.3 通用幅频特性曲线

三、实验设备及器材

(1) 低频函数信号发生器；

(2) 交流毫伏表；

(3) 谐振电路实验板。

四、预习及思考

(1) 按照实验内容给定的电路参数，计算电路的谐振频率。

(2) 改变电路的哪些参数可以使电路发生谐振？如何判别电路是否发生谐振？

五、实验内容及步骤

(1) 按图 4.7.1 电路接线，取 $R=200\ \Omega$、$L=10\ mH$、$C=0.01\ \mu F$，把函数信号发生器接到电路的输入端，调节其输出有效值为 1 V 的正弦波信号，令信号源的频率由小逐渐变大，当电阻上的电压最大时，信号源的频率即为电路的谐振频率 f_0，并测量谐振时电阻、电感和电容的电压值，记录在表 4.7.1 中。

表 4.7.1 RLC 串联电路谐振点的测试

R/Ω	测 量 数 据				计算值	
	f_0/kHz	U_{R0}/V	U_{L0}/V	U_{C0}/V	f_0/kHz	Q
200						

（2）在谐振点的两侧，分别增大或减小信号发生器的频率，每隔一定频段测量一次 f 和 I，记录在表 4.7.2 中。因电流谐振曲线接近于正态分布，所以靠近谐振点的频率间距应取小一些（如 500 Hz），远离谐振点的频率间距可取大一些（如 1～2 kHz）。

表 4.7.2 RLC 串联电路谐振曲线的测试

$R=200\ \Omega$	f/kHz				f_0					
	I/mA									
$R=\quad\ \Omega$	f/kHz									
	I/mA									

（3）测量 RLC 串联电路的通频带。以 f_0 为中心，分别增大或减小信号的频率，使 $U_R=0.707U_{R\text{max}}$，记录对应的频率分别为 f_L 和 f_H，则通频带宽度 $\text{BW}=f_H-f_L$，填入表 4.7.3 中。

表 4.7.3 RLC 串联电路通频带的测量

R/Ω	测 量 数 据		计算值
	f_L/kHz	f_H/kHz	BW/kHz
200			

（4）不改变 L、C 的值，当 $Q=2$ 时，测量上述各项指标，并将结果填入表 4.7.3 中。

六、实验注意事项

（1）测试电流谐振曲线时，要保证有一定的频率范围，不能太窄。

（2）描绘两条电流谐振曲线时，要用相同的比例。

七、实验思考与总结

（1）说明 RLC 串联电路谐振时各元件电压与信号源电压的关系。

（2）根据测量数据，在同一坐标上绘出两条电流谐振曲线，说明品质因数 Q 对谐振曲线的影响。

（3）实际测量中，谐振时输出电压 U_R 与输入电压 U_S 是否相等？试分析原因。

实验八 交流电路元器件等效参数的测量

一、实验目的

(1) 学会交流电压表、交流电流表和功率表的使用方法。
(2) 掌握测定元器件交流等效参数的方法。
(3) 加深对阻抗、阻抗角及相位差等概念的理解。

二、实验原理

1. 三表法测量原理

三表法测量元件等效参数如图 4.8.1 所示,用交流电压表、交流电流表和功率表分别测量元件两端的电压 U、流过的电流 I 及其消耗的功率 P。

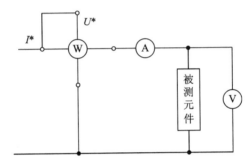

图 4.8.1 三表法测量元件参数的电路

电路的阻抗为
$$Z = |Z| \angle\varphi = |Z|\cos\varphi + \text{j}|Z|\sin\varphi = R + \text{j}X$$

阻抗模为
$$|Z| = \frac{U}{I}$$

等效电阻为
$$R = \frac{P}{I^2} = |Z|\cos\varphi$$

等效电抗为
$$X = \pm\sqrt{|Z|^2 - R^2} = \pm\sqrt{\left(\frac{U}{I}\right)^2 - R^2} = |Z|\sin\varphi$$

电压与电流的相位差为
$$\varphi = \pm\arccos\left(\frac{P}{UI}\right)$$

其中,"+"用于感性元件,"−"用于容性元件。

如被测的是感性元件,有
$$X_{\text{L}} = WL = 2\pi fL$$

则

$$L = \frac{X_L}{2\pi f}$$

如被测的是容性元件，有

$$X_C = -\frac{1}{WC} = -\frac{1}{2\pi fC}$$

则

$$C = -\frac{1}{2\pi fX_C}$$

2. 功率表

功率表是一种动圈式仪表，用于测量直流或交流电路的电功率。

功率表的接法：功率表有两个电流线圈接线柱和两个电压线圈接线柱，其电流线圈与负载串联，电压线圈与负载并联。通常情况下，电压线圈和电流线圈带有"＊"标记的接线柱应接在一起，此时功率表指针将正向偏转，否则功率表将反向偏转，可能导致损坏。

三、实验设备及器材

（1）交流电压表、交流电流表和功率表各 1 台；

（2）电阻、电感线圈、电容等元件；

（3）可调交流电源 1 台。

四、实验内容及步骤

按图 4.8.1 所示接线，电路的输入端接交流电源，调节电源，保持电流 $I = 1$ A，分别测量电阻、电感和电容的等效参数。将实验数据记入表 4.8.1 中，并计算出元件的参数。

表 4.8.1　元器件等效参数的测量

被测元件	测量值			计算值				
	U/V	I/A	P/W	$\cos\varphi$	$|Z|/\Omega$	R/Ω	L/mH	$C/\mu F$
电阻								
电感								
电容								

五、注意事项

输入电压要从小到大调节，电路的电流不要调得过大。

六、实验思考与总结

（1）带有内阻 r 的电感线圈与电阻 R 串联时，已知电路的输入电压 U、电阻 R 的电压 U_R 和电感的电压 U_{rL}，试画出这三个电压与电流 I 的关系相量图，并根据 U、U_R、U_{rL}、R 推导出电感 L 和内阻 r。

（2）比较元件的参数与实验数据计算出来的等效参数的差别，试分析原因。

实验九 阻抗的串联、并联和混联

一、实验目的

(1) 研究阻抗的串联、并联和混联的特点。

(2) 加深对复阻抗、阻抗角、相位差等概念的理解。

二、实验原理

1. 阻抗的串联

两个元件串联后的总阻抗为两个元件的复阻抗之和:

$$Z_{总} = Z_1 + Z_2$$

2. 阻抗的并联

两个元件并联后的总导纳为两个元件的导纳之和:

$$Y_{总} = Y_1 + Y_2$$

3. 阻抗的混联

两个元件先并联,再与第三个元件串联,混联电路总的阻抗:

$$Z_{总} = (Z_1 /\!/ Z_2) + Z_3 = \frac{Z_1 Z_2}{Z_1 + Z_2} + Z_3$$

4. 测量阻抗的方法

测量阻抗除用三表法外,还可以用示波器法,即用双踪示波器测量电压与电流的相位差,加上用电压表、电流表测量元件两端的电压和流过的电流,就可以计算出元件的阻抗。

测量电路的电压与电流相位差,示波器接法如图 4.9.1 所示。其中示波器的通道 A 接电路的输入端,显示的是电压信号。示波器不能直接测量电流信号,需要在电路中串联一小电阻 r,将流过电阻 r 的电流转化为电压信号。示波器的通道 B 接电阻 r 的两端,因为电阻两端的电压与流过的电流是同相的,所以通道 A 和通道 B 的相位差就是电压与电流的相位差。

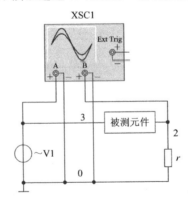

图 4.9.1 测量电路的电压与电流相位差

电压与电流的相位关系如图 4.9.2 所示,可以看到,若电压信号超前电流信号,则元件为感性,否则元件为容性。

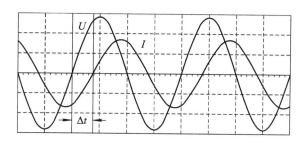

图 4.9.2　电压与电流的相位关系

电压与电流的相位差为

$$\Delta\varphi = \frac{\Delta t}{T} \times 360° = \Delta t \times f \times 360°$$

则元件的阻抗为

$$Z = \frac{U}{I}\angle\varphi = |Z|\cos\varphi \pm j|Z|\sin\varphi$$

三、实验设备及器材

（1）交流电压表、交流电流表、双踪示波器和功率表；

（2）电阻、电感线圈、电容等元件；

（3）可调交流电源。

四、实验内容

（1）用示波器法测量电阻与电感线圈串联的阻抗 $Z_总$，并把实验数据记录在表 4.9.1 中。验证 $Z_总 = Z_1 + Z_2$ 是否成立。

表 4.9.1　测量电阻与电感线圈串联的总阻抗

测量值			计算值		
U/V	I/A	$\varphi/°$	$|Z|/\Omega$	$Z_总$	$Z_1 + Z_2$

（2）用三表法测量电阻与电感线圈并联的总导纳 $Y_总$，自行设计电路图，并把实验数据记录在表 4.9.2 中，验证 $Y_总 = Y_1 + Y_2$ 是否成立。

表 4.9.2　测量电阻与电感线圈并联的总导纳

测量值				计算值	
U/V	I/A	P	$\cos\varphi$	$Y_总$	$Y_1 + Y_2$

（3）用三表法测量电阻与电感线圈并联再与电容串联后的总阻抗 $Z_总$，自行设计电路图，并把实验数据记录在表 4.9.3 中，验证 $Z_总 = \dfrac{Z_1 Z_2}{Z_1 + Z_2} + Z_3$ 是否成立。

表 4.9.3　测量电阻与电感线圈并联再与电容串联后的总阻抗

测量值				计算值	
U/V	I/A	P	$\cos\varphi$	$Z_{总}$	$\dfrac{Z_1 Z_2}{Z_1 + Z_2} + Z_3$

五、实验注意事项

信号源、示波器和电路要共地。

六、实验思考与总结

（1）用示波器法测量电压与电流相位差时，电阻 r 的加入是否会影响原来电路电压与电流的相位差，为什么？如何选择电阻 r 的大小？

（2）写出实验心得与体会。

实验十　RL 串联电路及其功率因数的提高

一、实验目的

（1）掌握日光灯的安装方法，了解日光灯电路的工作原理。

（2）掌握提高电网功率因数的方法。

（3）学习单相功率表的使用。

二、实验原理

日光灯电路由灯管、镇流器和启辉器三个器件组成。

日光灯电路可看成是一个 RL 串联电路，灯管可以等效成一个电阻性负载，镇流器是一个电感性负载，启辉器相当于一个自动开关。当电路刚接通电源时，由于通过感性负载的电流不能突变，电路中的电流为零，此时电源电压全部加在启辉器的两个极片上，两极片之间的氖气被电离而产生辉光放电，使双金属片因受热膨胀而与定片接触，于是有一个较大的电流流过灯管中的灯丝，灯丝因加热而发射电子，而启辉器内因二极片的接触而停止辉光放电，双金属片因冷却而与定片断开。在两极片断开的瞬间，电路中的电流突然切断，镇流器两端产生很高的感应电动势，此时电源电压和该感应电动势叠加，同时加在灯管两端，在高电压作用下，灯管内因气体电离而产生弧光放电，弧光放电放射的紫外线激发灯管内的荧光粉，由此发出可见光。此时启辉器停止工作，镇流器起降压限流作用。

日光灯电路所消耗的功率为

$$P = UI \cos\varphi$$

其中，$\cos\varphi$ 为电路的功率因数。上式又可写成：

$$\cos\varphi = \frac{P}{UI}$$

由此可见，当测量出功率、电压和电流的值后，就可求出电路的功率因数。

电源在额定电压与额定电流下运行时送出的平均功率与所接负载的功率因数密切相关，即只有当所接负载是电阻时，因 $\cos\varphi = 1$，电源送出的平均功率恰好等于发电机的容量，电源才得到充分的利用，当负载是感性（或容性）时，由于 $\cos\varphi < 1$，电源送出的平均功率要小于电源的容量，电源得不到充分的利用，因此为了尽可能充分利用发电容量，必须提高电网的功率因数。

提高电网的功率因数，通常采用并联电容器的方法，使流过电容器中的无功电流与感性负载中的无功电流分量互相补偿，以减小总电压与总电流之间的相位差，从而达到提高功率因数的目的。

三、预习要求

（1）明确实验目的，掌握日光灯电路的组成，了解其工作原理；掌握感性负载电路提高功率因数的方法；明确本实验中应测量的数据和测量方法；掌握电容量的大小与总电流的变化规律。

（2）熟悉实验电路的接线、功率表和电流插座的接入方法。

（3）熟悉利用电流插座测量电路各支路电流的方法。

四、实验仪器及设备

（1）单相自耦调压器 1 台；

（2）测试箱（内有功率表、电流表和电压表各 1 块）1 只；

（3）TPE－DQ1 交流电路综合实验箱 1 个；

（4）导线若干条。

五、实验内容及步骤

1. 不接电容器时日光灯电路的测量

（1）首先按图 4.10.1 接线，将自耦调压器调到 0 V（反时针拧到底），将可变电容箱上的开关全部拨到"OFF"的位置。

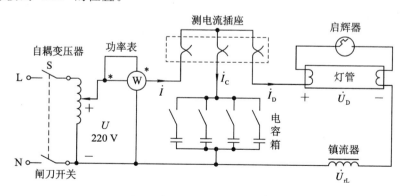

图 4.10.1　日光灯电路

（2）照图检查接线是否正确，检查无误后，合上电源开关。用交流电压表测量自耦调压器的输出端，通过调节自耦调压器，使其输出端的电压为 220 V。当电压调到 200 V 左右时，就能观察到启辉器点亮，然后灯管也亮起来的现象。

（3）当日光灯正常工作后，用交流电压表测量日光灯电路的端电压 U、灯管端电压 U_D 及镇流器端电压 U_{rL}，用交流电流表测量电流 I，用功率表测量灯管消耗的功率 P。将以上的测量数据记录在表 4.10.1 中。

表 4.10.1　日光灯电路的电压、电流及功率数据

U/V	U_D/V	U_{rL}/V	I/mA	P/W	计算 $\cos\varphi$

2. 接入不同容量的电容器（用电容箱变换）时日光灯电路的测量

（1）保持电源电压 220 V 不变，并入电容器。

（2）分别接入不同容量（0～9 μF）的电容器，按照表 4.10.2 的要求，将所测数据填入该表中。

表 4.10.2　接入电容器，提高电网功率因数的测试数据

测量项目	电容量 C	P	I	I_D	I_C	计算 $\cos\varphi$
测量单位	μF	W	mA	mA	mA	
所测数据	0					
	2					
	4					
	6					
	8					

六、实验注意事项

（1）本次实验所用的交流电源线电压为 380 V，相电压为 220 V。自耦调压器的输入端接 220 V，即相电压，切勿接线电压，否则会烧坏自耦调压器。通、断电源前，应将自耦调压器的输出端电压调到最低。

（2）严禁带电改接线路，改接线时应断开电源。

七、实验总结与思考

（1）根据实验结果，写出完整的实验报告。要求整理实验数据，分别作出 $I=f(C)$ 和 $\cos\varphi=f(C)$ 曲线，并讨论提高功率因数后，电路中电压、电流及功率的变化情况。

（2）为什么 $I\neq I_C+I_D$，$U\neq U_{rL}+U_D$？

（3）提高带有感性负载电路的功率因数，感性负载自身的功率因数是否改变？为什么？

（4）为什么不采用给感性负载串联电容来提高电路的功率因数的方法？

（5）如何根据电流表的读数来判断电路功率因数等于 1 的情况？

（6）在日光灯电路中，如果缺少启辉器，在确保安全的情况下，如何使日光灯点亮？

实验十一　三　相　电　路

一、实验目的

（1）掌握三相负载星形、三角形连接时，其线电压、相电压、线电流和相电流间的关系。

（2）掌握三相四线制供电系统中中线的作用。

二、实验原理

三相四线制供电系统中的线电压 U_1 和相电压 U_p 都是对称的，它们之间的有效值的关系为 $U_1 = \sqrt{3} U_p$。

负载在三相电路中的连接有星形连接和三角形连接两种。

负载作星形连接有中线时，不论负载是否对称，均有 $U_1 = \sqrt{3} U_p$，$I_1 = I_p$。无中线时，负载对称的情况下与有中线时电路的工作状态相同；负载不对称的情况下，负载中点的电位与电源中线的电位不同，致使各相负载的端电压不对称。

负载作三角形连接时，不论负载是否对称，均有 $U_1 = U_p$。当负载对称时有 $I_1 = \sqrt{3} I_p$，不对称时此关系不成立。

三、预习要求

（1）明确实验目的，画出实验电路图。

（2）明确本实验中的实验内容和测量方法。

（3）掌握实验设备的使用。

四、实验设备及器材

（1）测试箱（内有功率表、电流表和电压表各 1 块）1 只；

（2）TPE－DQ1 交流电路综合实验箱 1 个；

（3）导线若干条。

五、实验内容及步骤

1. 负载星形连接的三相电路测量

图 4.11.1 所示为负载星形连接电路图。

（1）当负载对称（每相开启 3 个灯）时，分别测量有中线以及无中线时的线电压、线电流、相电压、中线电压和中线电流，同时观察各灯的亮度情况，并记录于表 4.11.1 中。

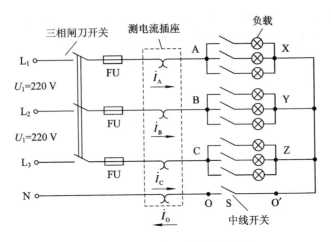

图 4.11.1 负载星形连接电路图

（2）当负载不对称（A、B、C 三相分别开启 1 个灯、2 个灯、3 个灯）时，分别测量有中线以及无中线时的线电压、线电流、相电压、中线电压和中线电流，同时观察各灯的亮度情况，并记录于表 4.11.1 中。

表 4.11.1　负载星形连接

测量项目		U_{AB}	U_{BC}	U_{CA}	U_{AX}	U_{BY}	U_{CZ}	$U_{OO'}$	I_A	I_B	I_C	I_O	各相灯数			各相亮度		
测量单位		V	V	V	V	V	V	V	mA	mA	mA	mA	A相	B相	C相	A相	B相	C相
负载及中线情况	负载对称 有中线																	
	负载对称 无中线																	
	负载不对称 有中线																	
	负载不对称 无中线																	

2. 负载三角形连接的三相电路测量

图 4.11.2 所示为负载三角形连接电路图。

（1）当负载对称（每相开启 3 个灯）时，分别测量线电压、线电流、相电流，同时观察各灯的亮度情况，并记录于表 4.11.2 中。

（2）当负载不对称（A、B、C 三相分别开启 1 个灯、2 个灯、3 个灯）时，分别测量线电压、线电流、相电流，同时观察各灯的亮度情况，并记录于表 4.11.2 中。

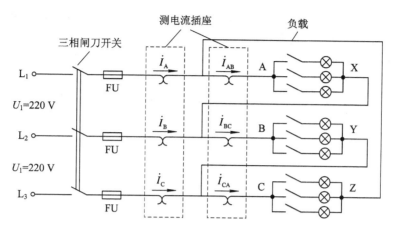

图 4.11.2　负载三角形连接电路图

表 4.11.2　负载三角形连接

测量项目		U_{AB}	U_{BC}	U_{CA}	I_A	I_B	I_C	I_{AB}	I_{BC}	I_{CA}	各相灯数			各相亮度		
测量单位		V	V	V	mA	mA	mA	mA	mA	mA	A相	B相	C相	A相	B相	C相
负载	对称															
	不对称															

六、实验注意事项

（1）本次实验所用的交流电源线电压为 220 V，相电压为 127 V。测量时，严禁用身体的任何部位接触带电的金属物体的裸露部分。

（2）严禁带电改接线路，改接线时应断开电源。

七、常见故障分析及处理方法

（1）有一相灯泡都不亮，可能的原因为电路中某处开路。

（2）负载星形连接而又无中线时，负载对称和不对称两种情况下灯的亮度没有变化，可能的原因为中线开关短路。

八、实验总结与思考

（1）整理实验数据，分析各组数据是否合理。完成实验报告的整理。

（2）根据所测数据，计算当负载对称时：若负载星形连接，则 $U_1/U_p=$？若负载三角形连接，则 $I_1/I_p=$？

（3）用实验数据说明三相电路负载星形连接时中线的作用。

（4）根据所测数据，说明本应三角形连接的负载误接成星形连接，结果如何；而本应星形连接的负载，误接成三角形连接，又会产生什么后果？

（5）为什么三相供电采用四线制？当各相负载不对称时，不接中线行不行？为什么？

实验十二　三相异步电动机的正反转控制

一、实验目的

（1）学习三相异步电动机继电接触控制电路的连接方法。

（2）掌握使用万用表检查继电接触控制电路的方法。

二、实验原理

生产中广泛使用继电接触控制系统对电动机进行启动、正反转、调速、制动和停车等控制。为了使电动机正常工作，通常对小功率电机用热继电器进行过载保护，用熔断器进行短路保护。

三相异步电动机的定子绕组通入三相交流电会产生旋转磁场。磁场的旋转方向取决于三相交流电的相序，改变相序，就能改变磁场旋转的方向，从而改变电动机的转向。

在控制系统中，有时要求某一电器处在加信号作用下动作后能自动保持动作后的状态，这种作用称为自锁作用；若要求两个电器不能同时动作，则这种作用称为互锁作用。控制电路原理图中所有器件的触点都处于初始静态位置，即器件未发生任何动作时的位置。如交流接触器的触点就是其线圈未通电时的位置，按钮的触点是指其未受外力作用时的位置。

三、预习要求

（1）掌握实验简述中所介绍的所有内容。

（2）了解用万用表检查线路的方法及注意事项。

四、实验仪器及设备

（1）三相异步电动机1台；

（2）TPE-JKI继电接触控制实验箱1个；

（3）导线若干条。

五、实验内容及步骤

1. 接线前的准备工作

接线前将电路图上的符号与实物一一对应，弄清楚交流接触器和热继电器的电压、电流额定值，组合按钮的常开、常闭触点以及交流接触器常开、常闭触点和线圈位置等。

2. 接线的原则

接线的原则是：先主后控，即先接主电路，后接控制电路；先串后并，即接线时先接主干支路，再接分支支路。最终接好的电路图如图4.12.1所示。

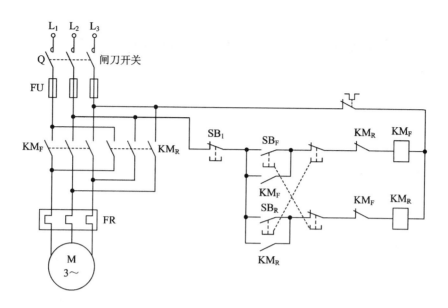

图 4.12.1　电动机正反转主电路及控制电路

3. 继电接触控制电路的检查方法

线路接好后，应根据电路原理图，仔细核对。查线顺序与接线顺序类似，确认无误后，再用万用表的欧姆挡进行检查，方法如下：

万用表的两表笔分别接于控制电路的电源输入端，未按任何按钮时，万用表的读数应为无穷大；按下任一启动按钮时，万用表读数应为交流接触器线圈的直流电阻值 2 kΩ 左右；同时按下启动和停止按钮时，万用表的读数应为无穷大。

如不符合以上规律，说明接线有误或器件有故障，可用万用表的欧姆挡逐个对线路和器件的触点进行分段检查。

电路检查无误后，接通三相交流 380 V 电源，按下启动按钮，观察电动机的正反转控制过程。

六、实验注意事项

切记在断电情况下，方可进行接拆线的操作！

七、实验总结与思考

（1）画出实验电路图。

（2）分析实验过程中出现故障的原因。

（3）如果交换机械互锁触点，会产生什么结果？

（4）自锁触点未接上时，会产生什么结果？如果把两组自锁触点交换位置，又会有什么情况发生？

（5）如果交换电气互锁触点，会产生什么结果？

（6）在电机正、反转控制线路中，为什么必须保证两个接触器不能同时工作？

（7）在三相异步电动机的控制线路中，短路、过载、失压、欠压保护有何实际意义？

实验十三 三相异步电动机的时间控制

一、实验目的

(1) 学习用时间继电器控制三相异步电动机的启动顺序。

(2) 了解三相异步电动机的时间控制电路。

(3) 掌握简单控制电路的设计方法。

二、实验简述与预习要求

1. 实验简述

在生产过程中，根据工艺要求，需要对动作的先后顺序进行控制，利用时间继电器可实现对时间的控制。时间继电器的类型有多种，但其触点只有两类，即瞬时动作的触点（与一般继电器的相同）和延时动作的触点，延时动作的触点又分为通电延时式和断电延时式两类，其符号如图 4.13.1 所示。

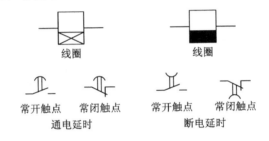

图 4.13.1　通电延时式和断电延时式触点

通电延时继电器就是指继电器在通电后并不是立即使触点状况发生变化，而是要经过一定的延时后才动作（常闭触点变为断开，常开触点变为闭合）。断电时间继电器就是在继电器的工作电压断开后开始延时动作。也就是说时间继电器是一种延时动作的继电器，它从接收信号（如线圈带电）到执行动作（如触点动作）具有一定的时间间隔，此时间间隔可按需要预先整定，以协调和控制生产机械的各种动作。

2. 预习要求

(1) 了解时间继电器，掌握其用法。

(2) 掌握如何通过时间继电器延时时间的设定来控制电动机正反转工作的时间，实现正反转自动切换。

(3) 设计一个电动机正反转自动切换的电路。

三、实验仪器及设备

(1) 三相异步电动机；

(2) 交流接触器 2 个；

(3) 控制按钮 3 个；

(4) 万用表 1 个；

（5）热继电器 1 个；

（6）时间继电器 2 个；

（7）导线若干条。

四、实验内容及步骤

（1）按图 4.13.2 所示连接电路。

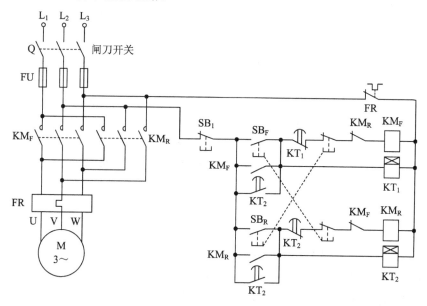

图 4.13.2 三相异步电动机的时间控制

（2）完成接线后，对照图 4.13.2 仔细检查，确定接线无误后，在断电状态下，再用万用表的电阻欧姆挡进行检测。方法是：万用表置于欧姆挡，两支表笔分别接在控制电路的电源入端，按下启动按钮 SB_2，万用表读数为交流接触器的线圈电阻值；按下停止按钮 SB_1，万用表读数为无穷大。按下启动按钮 SB_3，万用表读数为交流接触器的线圈电阻值；按下停止按钮 SB_1，万用表读数为无穷大。

（3）符合以上情况，说明控制电路无短路现象。

（4）分别设定时间继电器的延时时间，控制电路中正转时间为 25 s，反转时间为 35 s。

（5）观察在时间继电器的控制下，交流接触器的动作顺序以及正反转运行时间。

五、实验注意事项

本次实验所用电压为交流 380 V，所有接、拆线的动作都必须保证在断电情况下进行。接线前必须对控制电路的原理以及各器件的作用搞清楚，接线时按照以下八字方针进行：先主后控、先串后并。

注意观察运行时各器件的动作顺序。

六、实验思考

（1）延时正反转控制电路中设置一对时间继电器互锁触头的作用是什么？若取消将有

何影响？

（2）能否将电路中时间继电器的型号由通电延时型改为断电延时型？

（3）在控制电路中增加 3 路指示灯，使得：正转时，指示灯 L_1 亮；反转时，L_2 亮；停止时，L_3 亮。

七、实验报告要求

一份完整的实验报告分两次完成。第一次必须在进实验室之前完成，即预习报告，并在实验前交给老师审阅；第二次为实验报告，在做完实验后完成。

预习报告包括以下内容：① 实验目的；② 实验内容与要求；③ 完成实验指导书中"预习要求"的相关内容；④ 画出完整的实验电路图。

实验报告包括以下内容：① 实验过程中有无出现过不正常的现象？说明产生的原因及解决方法；② 本次实验的体会。

实验十四　可编程控制器实验

一、实验目的

（1）熟悉可编程控制器的基本指令及编程方法。

（2）理解 PLC 实现交通灯控制的原理及方法。

（3）掌握程序调试的方法和硬件接线。

二、实验原理

可编程序控制器（Programmable Logic Controller）简称 PLC，是专为工业环境下应用而设计的，它具有抗干扰能力强、可靠性高、通用性好、功能完善、编程方便和易于使用等特点，已成为现代工业自动化的三大支柱（PLC、机器人、CAD/CAM）之一，广泛应用于各行各业中。

PLC 一般由 CPU 模块、存储器、输入/输出（I/O）模块、电源、扩展接口和外部设备接口等部件组成，实验室采用西门子 S7 - 200 系列的 CPU224 CN 可编程控制器，它集成有 14 个输入和 10 个输出共 24 个数字量 I/O 点，编程软件采用 STEP 7 - Micro/WIN V4.0 SP3。

十字路口交通信号灯受一个启动开关的控制，当启动开关接通时，信号灯系统开始工作，当启动开关断开时，所有的信号灯全部熄灭。由于东西方向的车流量较小，南北方向的车流量较大，所以南北方向的放行（绿灯亮）时间为 30 s，东西方向的放行（绿灯亮）时间为 15 s。当东西（或南北）方向的绿灯维持时间结束后，绿灯闪亮 3 s（三次）后熄灭，然后黄灯亮，提醒司机注意，黄灯维持 2 s 后熄灭，立即改为另一个方向放行。

三、实验设备及器材

（1）可编程控制器实验箱；

(2) 编程通信电缆;

(3) 计算机和编程软件。

四、预习及思考

(1) 阅读可编程控制器编程软件 STEP 7 - Micro/WIN V4.0 SP3 的使用说明。

(2) 阅读可编程控制器实验箱的使用说明。

(3) 理解十字路口交通灯的控制程序,并解释程序中各网络的功能。

五、实验内容及步骤

1. 控制要求

(1) 十字路口交通灯的示意图如图 4.14.1 所示。当启动开关接通时,信号灯系统开始工作,且南北红灯(R)亮,东西绿灯(G)亮;当启动开关断开时,所有的信号灯都熄灭。

(2) 南北红灯亮维持 20 s,在南北红灯亮的同时,东西绿灯也亮,并维持 15 s,到 15 s 时,东西绿灯闪亮,闪亮 3 s(三次)后熄灭。在东西绿灯熄灭时,东西黄灯(Y)亮,并维持 2 s,到 2 s 时,东西黄灯熄灭,东西红灯亮,同时南北红灯熄灭,南北绿灯亮。

(3) 东西红灯亮维持 35 s,南北绿灯亮维持 30 s,然后闪亮 3 s(三次)后熄灭;南北绿灯熄灭后,南北黄灯亮,维持 2 s 后熄灭,这时南北红灯亮,东西绿灯亮。如此不断循环。

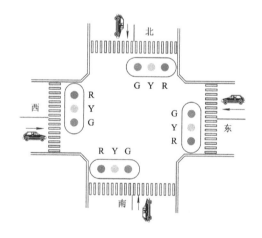

图 4.14.1　十字路口交通灯示意图

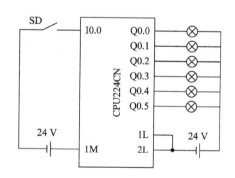

图 4.14.2　PLC 接线图

2. I/O 点分配表和 PLC 接线图

I/O 点的分配如表 4.14.1 所示,PLC 的接线如图 4.14.2 所示。

表 4.14.1　I/O 点分配表

输入	I0.0					
输出	东西绿灯	东西黄灯	东西红灯	南北绿灯	南北黄灯	南北红灯
	Q0.0	Q0.1	Q0.2	Q0.3	Q0.4	Q0.5

3. 设计控制程序

按要求设计控制程序,参考梯形图如图 4.14.3 所示。

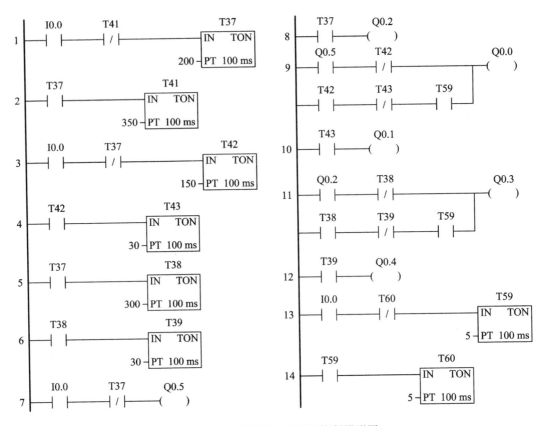

图 4.14.3　十字路口交通灯控制梯形图

4. 运行验证

由于交通流量的变化,需要把南北方向的绿灯改为 40 s,两个方向的绿灯闪烁时间都为 3 s,黄灯都为 2 s,试修改程序并下载程序到实验箱上运行验证。

六、实验注意事项

(1) 实验箱连线时,要关断电源。

(2) PLC 输入/输出公共端的连线不能接错,直流电源 24 V 不能短路。

(3) 可用在线程序监控,观察程序的运行状态。

七、实验思考与总结

(1) 画出自己修改的控制程序梯形图,并标注各网络的功能。

(2) 总结实验的经验和体会。

第五章 模拟电子技术实验

实验十五 单级晶体管放大电路

一、实验目的

（1）学习放大电路静态工作点的调整和测试方法。

（2）了解影响放大电路放大倍数的因素。

（3）学习放大器频率特性的测量方法。

（4）学习测量放大电路的交流电压放大倍数、输入电阻、输出电阻以及最大不失真输出电压的测试方法。

（5）熟悉常用电子仪器、仪表及模拟电子技术实验设备的使用。

二、实验原理

图 5.1.1 为电阻分压式工作点稳定的单管放大电路的原理图，偏置电阻采用 R_{b1} 和 R_{b2} 组成的分压电路，在输入端接入交流信号 u_i 后，其输出端便可得到一个与之相位相反、不失真的交流放大输出信号 u_o，且有足够的电压放大倍数。如果静态工作点选择得过高或过低，或者输入信号过大，都会使输出波形失真。为获得合适的静态工作点，一般采用调节上偏置电阻 R_P 的方法，在发射极接有电阻 R_e，以稳定静态工作点 Q。

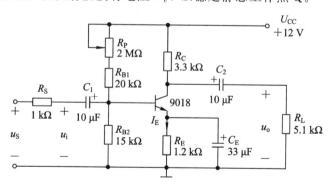

图 5.1.1 分压式单管放大电路

如图 5.1.2 所示，如果三极管温度特性曲线和放大电路的负载线相交过高，就会出现饱和失真，三极管温度特性曲线和放大电路的负载线相交过低，就会出现截止失真，所以要避免失真得到较好的放大效果，静态工作点要调在合适的位置。但工作点偏低偏高不是绝对的，而是相对信号的幅度而言的，如果信号幅度很小，即使工作点较高和较低也不一定会失真，所以准确地说，产生波形失真是信号的幅度与静态工作点的设置配合不当所致。

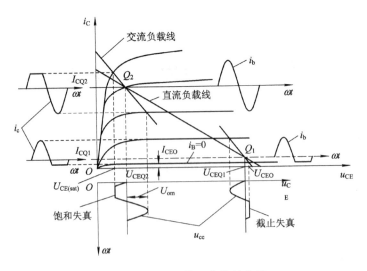

图 5.1.2 三极管工作特性曲线

当流过偏置电阻 R_{b1}、R_{b2} 的电流远大于(一般 $5\sim10$ 倍)晶体管 V 的基极电流 I_B 时,则它的静态工作点可用下式估算:

$$U_B = \frac{R_{b2} U_{CC}}{R_{b1} + R_{b2}}$$

$$I_E = \frac{U_B - U_{BE}}{R_E} \approx I_C$$

$$U_{CE} = U_{CC} - I_C(R_C + R_E)$$

$$A_u = -\frac{\beta R_C \mathbin{/\mkern-5mu/} R_L}{r_{be}}$$

$$R_i = R_{b1} \mathbin{/\mkern-5mu/} R_{b2} \mathbin{/\mkern-5mu/} r_{be}, \quad R_o \approx R_c$$

1. 输入电阻 r_i

放大器的输入电阻是从放大器的输入端看进去的等效电阻,加上信号源之后,它就是信号源的负载电阻,用 r_i 表示,如图 5.1.3 所示。由此可知

$$r_i = \frac{U_i}{I_i} = \frac{R_S U_i}{U_S - U_i}$$

其中,U_S 为信号源电压的有效值,R_S 为信号源内阻,U_i 为放大电路输入电压的有效值。r_i 的大小直接关系到信号源的工作情况。R_S 的值不宜过大或过小,为避免产生较大的测量误差,通常 R_S 和 r_i 取为同一数量级,本实验为 $1\sim2$ kΩ。

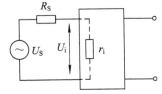

图 5.1.3 输入电阻等效模型

2. 输出电阻 r_o

放大器的输出电阻是从放大器的输出端测得的等效电阻,用 r_o 表示,如图 5.1.4 所示。测出 U_{OC}、U_{OL} 后 r_o 由下式计算:

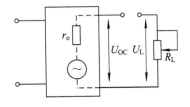

图 5.1.4 输出电阻等效模型

$$r_\text{o} = \frac{R_\text{L}(U_\text{OC} - U_\text{OL})}{U_\text{OL}}$$

其中，U_OC 为放大电路开路时输出电压的有效值，U_OL 为放大电路接负载 R_L 时输出电压的有效值。

在测试中，应保证 R_L 接入前后输入信号大小不变。

3. 电压放大倍数 A_u

放大器的电压放大倍数是在输出波形不失真的情况下输出电压与输入电压有效值（或最大值）的比值，即

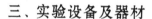

$$A_\text{u} = \frac{U_\text{o}}{U_\text{i}}$$

4. 放大器频率特性的测量

放大器的频率特性是指放大器的电压放大倍数 A_u 与信号频率 f 之间的关系曲线，如图 5.1.5 所示。

通常规定电压放大倍数随频率变化降到中频放大倍数的 0.707 时所对应的频率称为下限频率 f_L 和上限频率 f_H。

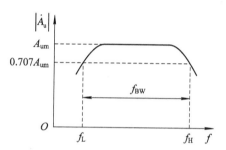

图 5.1.5　放大器的频率特性

三、实验设备及器材

（1）直流稳压电源；

（2）函数信号发生器；

（3）双踪示波器；

（4）万用电表；

（5）交流毫伏表；

（6）A3 电路小板。

四、预习及思考

（1）理解分压式偏置放大电路的工作原理及电路中各元件的作用。

（2）估算实验电路的性能指标：假设晶体管 9018 的 $\beta = 100$，$R_\text{b1} = 10\ \text{k}\Omega$，$R_\text{b2} = 50\ \text{k}\Omega$，$R_\text{C} = 5.1\ \text{k}\Omega$，$R_\text{L} = 5.1\ \text{k}\Omega$，$U_\text{CC} = +12\ \text{V}$，估算放大电路的静态工作点 Q，电压放大倍数 A_u，输入电阻 r_i 和输出电阻 r_o。

（3）了解饱和失真、截止失真或因信号过大引起的失真波形。

（4）掌握有关输入电阻及输出电阻的测试方法。

（5）极性电容接反后会有什么后果？怎样避免极性接反？

五、实验内容及步骤

按实验原理图在实验小板上接好电路。实验箱上接上 12 V 工作电源，输入接上信号发生器，输出接上示波器，测量静态参数用万用表直流挡，测量动态参数用万用表交流挡或者交流毫伏表，按照图 5.1.6 所示各仪器与实验电路的连接方式接入 $U_\text{CC} = +12\ \text{V}$ 的直流电压，其他仪器根据需要接入相应端。

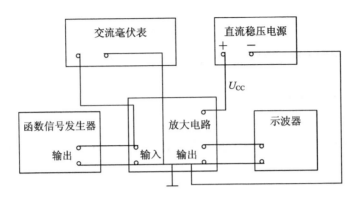

图 5.1.6 实验仪器与放大电路的连接方式

1. 静态工作点的初步调试与测量

输入端不输入交流信号，即 $u_i = 0$，接通直流稳压电源 $U_{CC} = 12$ V，调节上偏置电阻 R_{B2}（通过调节 R_P）使 $U_C = 6$ V，以保证 Q 点在负载线的中间位置，测量相应的 U_B、U_E 并记入表 5.1.1 中。

表 5.1.1 静态工作点($V_C = 6$ V)

	U_B/V	U_E/V	U_C/V
测量值			
计算值	U_{BE}/V	U_{CE}/V	$I_C(mA) = U_{RC}/R_C$

2. 输入电阻 r_i、输出电阻 r_o 的确定

在放大电路图 5.1.1 输入端用信号发生器调节信号，接入频率为 1 kHz，幅值有效值为 20 mV$_{Rms}$ 的正弦交流信号 u_S，在输出电压 u_o 不失真的情况下，用交流毫伏表测出 u_S 和 u_i 的有效值，$r_i = U_i R_S/(U_S - U_i)$，计算出输入电阻 r_i 并记入表 5.1.2 中。

保持 u_S 不变，在输出电压 u_o 不失真的情况下，断开 R_L，测量放大器空载时的输出电压 U_{OC}；接入负载电阻 $R_L = 5.1$ kΩ，测量放大器带负载时的输出电压 U_{OL}，$r_o = (u_{OC}/u_{OL} - 1)R_L$，计算出输出电阻 r_o 并记入表 5.1.2 中。

表 5.1.2 输入 / 输出电阻

$r_i = U_i R_S/(U_S - U_i)$				$r_o = (U_{OC}/U_{OL} - 1)R_L$			
测算输入电阻(设 $R_S = 1$ kΩ)				测算输出电阻(设 $R_L = 5.1$ kΩ)			
实测		测算	估算	实测		测算	估算
U_S/mV	U_i/mV	r_i	r_i	U_{OC} $R_L = \infty$	U_{OL} $R_L = 5.1$ kΩ	$r_o/k\Omega$	$r_o/k\Omega$

3. 测量输出电压并计算电压放大倍数

在放大电路输入端接入频率为 1 kHz 的正弦交流信号 u_S，调节函数信号发生器输出旋钮使输入电压有效值 $U_S = 20\ \mathrm{mV_{Rms}}$，同时用示波器观察输出电压 u_o 的波形，在输出波形不失真的情况下，按表 5.1.3 给定条件测量 U_i 和 U_o，计算 $A_u = U_o/U_i$ 并记入表 5.1.3 中。

自行设计方法探讨放大倍数的影响因素。

表 5.1.3　电压放大倍数

测试条件	测 U_i/mV	测 U_o/V	计算 $A_u = U_o/U_i$
$R_L = 5.1\ \mathrm{k\Omega}$			
$R_L = 10\ \mathrm{k\Omega}$			
$R_L = \infty$			

4. 静态工作点 Q 变化对输出波形的影响

在给定条件下，用示波器观察输出波形，并记入表 5.1.4 中。

表 5.1.4　静态工作点 Q 变化对输出波形的影响

测 试 条 件		输 出 波 形
交流挡测量	直流挡测量	
R_P 适中，Q 点合适，输出波形 无失真 $U_i =$ $A_u =$	$U_C =$	
R_P 太小，Q 点偏高 $U_i =$ $A_u =$ 失真类型：	$U_C =$	
R_P 太大，Q 点偏低 $U_i =$ $A_u =$ 失真类型：	$U_C =$	
R_P 适中，Q 点合适，输入信号幅值 太大 $U_i =$ $A_u =$ 失真类型：	$U_C =$	

5. 放大器幅频特性的测定

放大器的幅频特性就是测绘电压放大倍数随输入信号频率的变化曲线（$A_u - f$ 曲线）。测量频率特性的专用仪器是扫频仪，其测量精度高，速度快，能直接显示幅频特性曲线，还可直接读出曲线上任意点对应的频率。本实验使用逐点测量法，在保持输入电压值不变的情况下，每改变一次输入信号的频率，测量一次输出电压 U_o，算出电压放大倍数，最后逐点绘出 $A_u - f$ 曲线，并在该曲线上读取通频带以及高、低截止频率 f_H、f_L。

频率特性测量。令负载 R_L 开路，输入信号频率为 $1\ kHz$，峰峰值为 $60\ mV$ 的正弦交流信号 u_S，记录最大输出 U_{oMAX}。改变输入信号的频率，然后分别测量不同频率的输出电压，记录下降到最大输出电压 0.707 倍时对应的 f_L、f_H，填入表 5.1.5 中。

表 5.1.5　幅频特性记录表

$U_S =$		$U_{oMAX} =$		$f_H =$		$f_L =$		$f_{BW} =$	
f/Hz		5	10	100	1 k	10 k	100 k	200 k	
U_o/V									
A_u									

六、实验注意事项

（1）截止失真没有饱和失真明显，如果观察不清晰可以稍微调整加大输入信号。

（2）函数信号发生器、示波器、万用电表应与实验电路共地。

（3）测量静态工作点时，不需要接输入信号，但需要接工作电源。

七、实验总结与思考

（1）画出实验电路原理图，列表整理测试结果，并把实测的静态工作点、电压放大倍数、输入电阻、输出电阻值与它们的理论计算值（取一组相关数据）进行比较，分析产生误差的原因。

（3）讨论静态工作点变化对输出波形的影响。

（4）改变放大电路的静态工作点是否会影响放大电路的输入电阻？改变负载 R_L 是否会影响放大电路的输出电阻？

（5）放大电路的测试中，输入信号频率一般选择 $1\ kHz$，为何不选择 $100\ kHz$ 或更高的频率？

（6）分析讨论在调试过程中出现的问题。

（7）写出完整、规范的实验报告。

实验十六　多级阻容耦合放大电路与射极输出器

一、实验目的

（1）掌握多级放大电路性能指标的测试方法。

（2）理解多级阻容耦合放大电路总电压放大倍数与各级电压放大倍数之间的关系。

（3）学习多级放大电路输入、输出电阻的测试方法。

（4）熟悉射极输出器的特点及应用。

二、实验原理

当电压放大倍数用一级电路不能满足要求时,就要采用多级放大电路。如图 5.2.1 所示为三级阻容耦合放大电路。阻容耦合有隔直作用,使各级的静态工作点互相独立,调试非常方便,只要按照单级电路的实验分析方法,一级一级地调试就可以了,在晶体管小信号放大电路中,阻容耦合得到了广泛的应用。第三级的射极输出器是一个电压串联负反馈放大电路,具有输入电阻高,输出电阻低,电压放大倍数接近于 1(但略小于 1),输入、输出信号同相位等特点。由于它的输出电压总是跟随输入电压变化,所以也称为射极跟随器。射极输出器可以作为多级放大电路的输入级,也可以作为中间缓冲级或输出级,应用广泛。

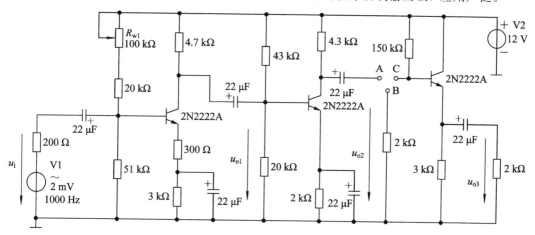

图 5.2.1 三级阻容耦合放大电路

三、实验设备及器材

(1) 函数信号发生器;

(2) 双踪示波器;

(3) 交流毫伏表;

(4) 数字万用表;

(5) 直流稳压电源;

(6) 多级放大电路实验电路板。

四、实验预习要求

(1) 掌握多级放大电路静态工作点的调试方法和电压放大倍数、输入电阻、输出电阻的测试方法。

(2) 了解射极输出器的特点与应用。

五、实验内容及步骤

1. 静态工作点的调试

调节 R_{w1},使 $U_{C1} = 7\ V$,以保证 Q 点在负载线的中间位置。

2. 测量两级放大电路的放大倍数

调节函数信号发生器，使其输出有效值为 2 mV、频率为 1000 Hz 的正弦波信号，接到图 5.2.1 电路的信号输入端，用导线连接 A、B 两点，即接入负载 2 kΩ，测量各级信号的电压值，并计算出各级信号的电压放大倍数，记录于表 5.2.1 中。

表 5.2.1 测量各级信号的电压值并计算电压放大倍数

	u_i/mV	u_{o1}/mV	u_{o2}/V	u_{o3}/V	A_{u1}	A_{u2}	A_{u3}	A_u
两级放大				//			//	
三级放大								

注：画//栏不用填，下同。

3. 测量三级电压放大电路的放大倍数

断开 A、B 两点，连接 A、C 两点，即第二级放大电路的输出端接射极输出器，测量各级信号的电压值，并计算出各级信号的电压放大倍数，记录于表 5.2.1 中。

4. 测量二级、三级放大电路的输入和输出电阻

根据输入电阻的定义可知 $R_i = u_i/I_i$，测量输入电压和输入电流的值，即可计算出电路的输入电阻。

测量输出端不接负载 R_L 时的输出电压 U_{OC} 和接入负载后的输出电压 U_{OL}，根据

$$U_{OL} = \frac{R_L}{R_o + R_L}U_{OC}$$

得

$$R_o = \left(\frac{U_{OC}}{U_{OL}} - 1\right)R_L$$

结果记录于表 5.2.2 中。

表 5.2.2 输入、输出电阻的测量

	u_i/mV	$I_i/\mu\text{A}$	u_{OL2}/V	u_{OC2}/V	U_{OL3}/V	U_{OC3}/V	R_i/Ω	R_o/Ω
两级放大					//	//		
三级放大			//	//				

5. 观察输入、输出信号的波形

观察两级、三级放大电路的输入和输出信号波形，说明其输入、输出电压的相位关系。

6. 测量放大电路的通频带

利用 Multisim 仿真软件的波特图仪，测量放大电路的通频带。

7. 测量放大电路输出信号的失真度

利用 Multisim 仿真软件的失真分析仪，测量放大电路输出信号的失真度。

六、实验注意事项

（1）注意函数信号发生器、示波器和电路板要共地。

（2）三级放大电路的负载要接在射极输出器的输出端，注意不能在两级放大电路的输出端再接 2 kΩ 的负载电阻。

七、实验总结与思考

（1）放大电路总的放大倍数与各级的放大倍数关系如何？

（2）分析各级的输出信号与第一级的输入信号的相位关系。

（3）射极输出器的电压放大倍数小于 1，为什么在两级放大电路的输出端接上它，总的电压放大倍数还是提高了？

实验十七　集成运算放大器的基本运算电路

一、实验目的

（1）加深理解集成运算放大器的特点，掌握正负电源的接法。

（2）掌握反相比例、同相比例、反相加法、差分、积分等运算电路的原理。

（3）熟悉集成运算放大器在实际应用时应考虑的一些问题。

（4）通过实验测试，验证各电路输出电压与输入电压间的函数关系，掌握这些电路的基本功能特点。

二、实验原理

运算放大器是具有两个输入端、一个输出端的高增益、高输入阻抗、低漂移的直流放大器。在它的输出端和输入端之间加上反馈网络，就可以实现各种不同的电路功能。例如：反馈网络为线性电路时，运算放大器可以实现放大、加、减、微分和积分等；反馈网络为非线性电路时，可以实现对数、乘法、除法等运算功能。另外，还可以组成各种波形产生电路，如正弦波、三角波、脉冲波等。

集成运算放大器是人们对"理想放大器"的一种实现。一般在分析集成运放的实用性能时，为了方便，通常认为运放是理想的，即具有如下的理想参数：$U_+ = U_-$，$I_+ = I_-$。由于集成运放有两个输入端，因此按输入接入方式不同，可有三种基本放大组态，即反相放大、同相放大和差动放大组态，它们是构成集成运放系统的基本单元。

741 型运算放大器具有广泛的模拟应用。宽范围的共模电压和无阻塞功能可用于电压跟随器。高增益和宽范围的工作特点在积分器、加法器和一般反馈应用中能使电路具有优良性能。此外，它还具有如下特点：① 无频率补偿要求；② 短路保护；③ 失调电压调零；④ 大的共模、差模电压范围；⑤ 低功耗。

图 5.3.1 为集成运放 741 的外观管脚图。如图所示，按逆时针方向，管脚编号依次为 1，2，3，…，8。其中，管脚 2 为运放反相输入端，管脚 3 为同相输入端，管脚 6 为输出端，管脚 7 为正电源端，管脚 4 为负电源端，管脚 8 为空端，管脚 1 和 5 为调零端。通常，在两个调零端接一几十千欧的电位器，其滑动端接负电源，如图 5.3.2 所示。调整电位器，可使失调电压为零。

图 5.3.1 集成运放 741 外观管脚图

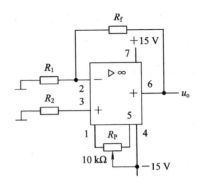

图 5.3.2 集成运放调零电路

三、实验设备及器材

（1）集成运算放大器实验 A4 板（或模拟电路实验箱）；

（2）信号发生器、示波器、万用表；

（3）直流稳压电源；

（4）运放、电阻、电容等。

四、实验预习要求

（1）掌握正负电源的接法。

（2）熟悉集成运算放大器及其有关线性应用电路的工作原理。

（3）熟悉集成运算放大器的引脚排列及功能。

（4）结合实验电路进行理论计算。

五、实验内容及步骤

1. 反相比例运算电路

如图 5.3.3 所示，反相比例运算电路的输入、输出关系为

$$u_{\text{o}} = \left(\frac{-R_{\text{f}}}{R_1} \right) u_{\text{i}}$$

为了减小输入偏置电流引起的运算误差，在同相输入端应接平衡电阻 $R_2 = R_{\text{f}} /\!/ R_1$。设计反相比例运算电路 $A_{\text{u}} = -R_{\text{f}} / R_1 = -10$ 倍。

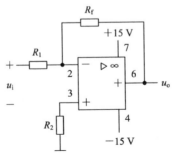

图 5.3.3 反相比例运算电路

（1）按实验原理图 5.3.3 连好电路，接通 ± 15 V 电源。

（2）根据给定的输入信号测定对应的输出信号，并将测得的数据填入表 5.3.1 中。

表 5.3.1　反相比例运算电路数据

$R_1 =$	$R_f =$	$R_2 =$		
U_i / V	U_o / V	A_u		
		实测	理论	误差/%

2. 同相比例运算电路

如图 5.3.4 所示同相比例运算电路的输入、输出关系为

$$u_o = u_i(1 + R_f / R_1), \quad R_2 = R_f /\!/ R_1$$

（1）按实验原理图 5.3.4 连好电路，设计 $A_u = 1 + \dfrac{R_f}{R_1} = 11$ 倍，接通 ± 15 V 直流电源。

（2）根据给定的输入信号测定对应的输出信号，并将测得的数据填入表 5.3.2 中。当取 R_1 为无穷大时，A_u 为 1，此时称为"电压跟随器"，是同相比例运算电路的特例。自行设计表格验证电压跟随器。

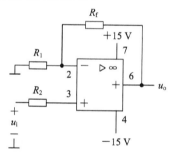

图 5.3.4　同相比例运算电路

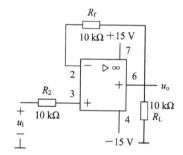

图 5.3.5　电压跟随器

表 5.3.2　同相比例运算电路数据

$R_1 =$	$R_2 =$	$R_f =$		
U_i / V	U_o / V	A_u		
		实测	理论	误差/%

3. 加法运算电路

如图 5.3.6 所示反相加法运算电路的输入、输出关系为

$$u_o = -\left(\frac{u_{i1} R_f}{R_1} + \frac{u_{i2} R_f}{R_2} \right), \quad R_3 = R_f /\!/ R_1 /\!/ R_2$$

要求设计

$$U_o = -\left(\frac{R_f}{R_1}U_i + \frac{R_f}{R_2}U_i\right)$$
$$= -(2u_{i1} + 5u_{i2})$$

（1）按实验原理图 5.3.6 连好电路，接通 ±15 V电源。

（2）输入信号采用自制的可调分压器供给的直流信号，测定对应的输出信号，并将测得的数据填入表 5.3.3 中。

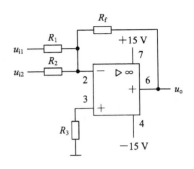

图 5.3.6　加法运算电路

表 5.3.3　加法运算表

$R_1 =$	$R_2 =$	$R_3 =$	R_f
U_{i1}/V	0.5	1	2
U_{i2}/V	0.5	-0.5	2
U_o/V 测量值			
u_o/V 理论值			
误差/(%)			

4. 差分放大电路(减法器)

如图 5.3.7 所示差分放大电路的输入、输出关系为

$$u_o = \frac{R_f}{R_1}(u_{i2} - u_{i1})$$

设计 $u_o = 10(u_{i2} - u_{i1})$，自行设计好电路填入相应表格。

（1）按实验原理图 5.3.7 连好电路，接通 ±15 V 电源，输入端对地短接调零。

（2）输入信号采用自制的可调分压器供给直流信号，测定对应的输出信号，并整理数据，将测得的数据填入表 5.3.4 中。

表 5.3.4　减法运算表

$R_1 =$	$R_2 =$	$R_3 =$	R_f
U_{i1}/V	0.5	1	2
U_{i2}/V	0.5	-0.5	1
U_o/V 测量值			
U_o/V 理论值			
误差/(%)			

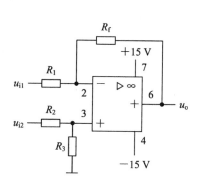

图 5.3.7　减法运算电路

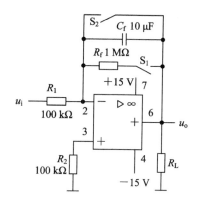

图 5.3.8　积分运算电路

5. 积分运算电路

如图 5.3.8 所示反相积分运算电路的输入、输出关系为

$$u_o = -\left(\frac{1}{C_f R_1}\right)\int u_i \, dt$$

（1）按实验原理图 5.3.8 连好电路，接通 ±15 V 电源，打开开关 S_2，闭合 S_1 即通过电阻 R_f 的作用帮助实现调零。

（2）完成调零后应将 S_1 打开，以免因 R_f 的接入造成积分误差。闭合 S_2 使积分电容初始电压 $u_C(0)=0$。然后断开 S_2。

（3）输入信号采用幅值为 ±2 V，频率为 1 kHz 的方波信号，用双踪示波器同时观察 u_i 和 u_o 的波形，并记录 u_o 的幅值，填入表 5.3.5 中。

表 5.3.5　积分实验数据

	幅　值	波　形	
输入 u_i			
输出 u_o			

6. 微分电路

实验电路如图 5.3.9 所示。

（1）输入正弦波信号，$f=160$ Hz，有效值为 1 V，用示波器观察 u_i 与 u_o 波形并测量输出电压。

（2）改变正弦波频率（20～400 Hz），观察 u_i 与 u_o 的相位、幅值变化情况并记录。

（3）输入方波信号，$f=200$ Hz，$u=\pm200$ mV（$u_{pp}=400$ mV），在微分电容左端接入 400 Ω 左右的电阻（通过调节 1 k 电位器得到），用示波器观察 u_o 波形；按上述步骤（2）重复实验。

（4）输入方波信号，$f = 200\ \text{Hz}$，$u = \pm 200\ \text{mV}(u_{\text{pp}} = 400\ \text{mV})$，调节微分电容左端接入的电位器（1 k），观察 u_i 与 u_o 幅值及波形的变化情况并记录。

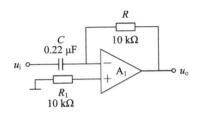

图 5.3.9　微分电路

7. 运算放大的设计任务

用集成运算放大器设计一个交流放大电路。在负载 $R_L = 2\ \text{k}\Omega$ 的条件下，满足以下指标要求：

（1）$A_u = 1000$；

（2）输入电阻 $R_i \geqslant 20\ \text{k}\Omega$；

（3）工作频率为 50 Hz～10 kHz；

（4）待放大的输入信号为正弦交流信号，$U_i = 5\ \text{mV}$。

六、实验注意事项

（1）为使放大电路正常工作，不要忘记接入工作直流电源。切不可把正、负电源极性接反或将输出端短路，否则会损坏集成块。

（2）函数信号发生器、示波器应与实验电路共地。

（3）每次换接电路前都必须关掉电源。

七、实验思考与总结

（1）在反向加法电路中，若有一信号开路或短路，对输出电压有什么影响？

（2）分析输出为零，或者输出失真分别是由什么原因导致的。

（3）怎样利用本次实验原理实现 $u_o = -5(u_{i1} + u_{i2})$？

（4）在实验电路中如何用万用表粗查集成运放的好坏？

（5）总结实验中用到的测量方法，分析讨论在调试过程中出现的问题。

实验十八　集成运算放大器的非线性应用

一、实验目的

（1）加深理解集成运放非线性应用的原理及特点。

（2）熟悉波形变换与波形发生电路的设计方法。

（3）加深对波形变换与波形发生电路的工作原理的理解，并掌握其波形及特性参数的测试方法。

二、实验设备及器材

(1) 集成运算放大器实验 A4 板(或模拟电路实验箱);

(2) 双踪示波器;

(3) 万用表;

(4) 信号发生器;

(5) 集成运算放大器、电阻器、电容器等。

三、实验原理

当运算放大器处于开环或接入正反馈时,其传输特性为非线性,此种状态下的运算放大器工作在非线性状态,称之为运算放大器的非线性应用。运算放大器非线性应用时,选择合理的电路结构和外接器件,可构成各种电压比较器和各种信号产生电路。

在电压比较器中,比较特殊和常见的有过零电压比较器、基准电压为 nV 的电压比较器和迟滞电压比较器。

电压比较器是一种常见的模拟信号处理电路,它将一个模拟输入电压与一个参考电压进行比较,并将比较的结果输出。比较器的输出只有两种可能的状态:高电平或低电平,为数字量;而输入信号是连续变化的模拟量,因此比较器可作为模拟电路和数字电路的"接口"。

信号产生电路可以输出正弦波、三角波、矩形波。此外,通过调整电路元件参数和结构,还可改变矩形波的占空比,积分得到锯齿波;通过电路的运算功能可实现不同波形的转换,例如正弦波经滤波可得到三角波,三角波和正弦波经比较电路可得到矩形波,矩形波经积分可得到三角波。

1. 过零电压比较器

过零电压比较器如图 5.4.1(a)所示,运算放大器工作在非线性状态,其输入和输出的关系为

$$\begin{cases} U_i > 0 & U_o = -U_z \\ U_i < 0 & U_o = +U_z \\ U_i = 0 & \text{状态转变} \end{cases}$$

传输特性如图 5.4.1(b)所示。

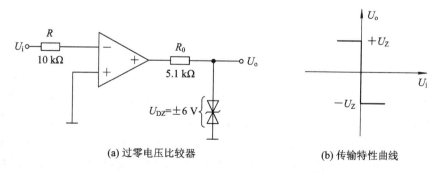

(a) 过零电压比较器   (b) 传输特性曲线

图 5.4.1 过零电压比较器

2. 波形变换电路

图 5.4.2(a)是迟滞电压比较器的电路图。当 u_i 由负值正向增加到大于等于其阈值电压 U_{th1} 时，输出 u_o 将由正的最大值 U_{OH} 跳变为负的最大值 U_{OL}；反过来当 u_i 由正值反向减小到小于等于其阈值电压 U_{th2} 时，u_o 则由负的最大值 U_{OL} 跳变至正的最大值 U_{OH}。传输特性如图 5.4.2(b)所示。

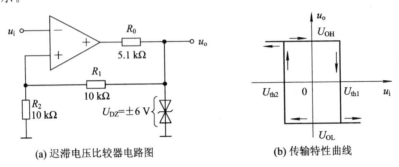

(a) 迟滞电压比较器电路图   (b) 传输特性曲线

图 5.4.2　迟滞电压比较器电路图及其传输特性

根据"虚短跳变"的条件，可以求得这两个阈值电压分别为

$$U_{th1} = \frac{R_2}{R_1 + R_2} U_{OH}$$

$$U_{th2} = \frac{R_2}{R_1 + R_2} U_{OL}$$

迟滞电压比较器可以直接用作波形变换。例如，当输入的 u_i 为一正弦波（或任何周期性非正弦波）时，其输出 u_o 则为一矩形波，如图 5.4.3 所示。很显然，这一变换只有在 U_m 大于 U_{th1} 及小于 U_{th2} 时才能发生，否则 u_o 将始终为 U_{OH} 或 U_{OL}。此外，当 U_{th1} 与 U_{th2} 的绝对值相等时（对于图 5.4.2 的电路而言），u_o 为对称的矩形波，否则 u_o 为不对称的矩形波。

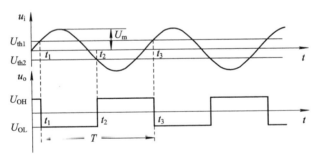

图 5.4.3　正弦波—方波波形变换波形图

3. 三角波—方波发生电路

图 5.4.4(a)是一种最基本的三角波—方波发生电路，图 5.4.4(b)则为其工作波形。该电路是由一个迟滞电压比较器和一个 $R_f C$ 负反馈网络构成的。当电容 C 在 U_{OH} 的作用下正向充电到 U_{th1} 时，u_o 由 U_{OH} 跳变至 U_{OL}。此后 C 放电（在 U_{OL} 的作用下反向充电），当 C 两端的电压降至 U_{th2} 时，u_o 将由 U_{OL} 跳变至 U_{OH}。如此周而复始，形成自激振荡，在 C 上产生一个近似的三角波，而在输出端产生一个对称的方波。方波的幅值取决于稳压管的稳压值，频率调节由 C、R_1、R_2、R_f 决定。

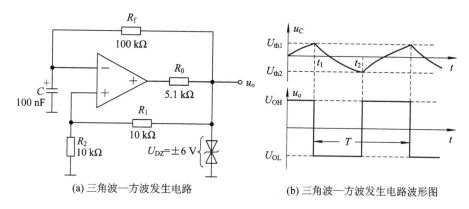

(a) 三角波—方波发生电路   (b) 三角波—方波发生电路波形图

图 5.4.4 三角波—方波发生电路及其波形图

三角波—方波发生电路的振荡频率与周期的关系为

$$T = \frac{1}{f} = 2R_{\mathrm{f}}C \ln\left(1 + \frac{2R_2}{R_1}\right)$$

四、实验预习要求

（1）熟悉电压比较器的工作原理。

（2）结合实验电路进行理论分析。

五、实验内容及步骤

按实验原理图接好线路并仔细检查，确保电路的连接正确。

1. 过零电压比较器

（1）实验电路如图 5.4.1 所示。按图接线，接通 ±15 V 直流电源。

（2）测量 u_{i} 悬空时的 u_{o} 值。

（3）信号发生器调频率 1 kHz、幅值为 1 V 的正弦信号 u_{i}，示波器同时观察输入与输出的对应波形。在实验报告上记录波形。

2. 波形变换电路

按实验电路图 5.4.2 连线，从运放的反向输入端加一个正弦信号 u_{i}（$f = 1000$ Hz、幅值为 2 V 的正弦波，由函数发生器输出），用双踪示波器同时观察 u_{i} 和 u_{o} 的波形，并用示波器测出 U_{OH}、U_{OL}、U_{th2}、U_{th1} 及周期 T。记录下此时的波形及数据（自拟记录表）。改变 R_1 值，观察 u_{o} 波形的变化情况。

3. 三角波—方波发生电路

按实验电路图 5.4.4(a) 连线，用双踪示波器同时观察 u_C 及 u_{o} 的波形，测出此时的 U_{OH}、U_{OL}、U_{th2}、U_{th1} 及周期 T，并画出相应的波形。改变 R_{f} 值，重复上述内容。

六、实验注意事项

（1）为使放大电路正常工作，不要忘记接入工作直流电源。切不可把正、负电源极性接反或将输出端短路，否则会损坏集成块。

（2）注意仪器的共地点，即所有仪器的接地线应连接在一点上。

（3）每次换接电路前都必须关掉电源。

七、实验思考与总结

（1）电压比较电路是否需要调零，其两个输入端电阻是否要求对称？为什么？

（2）描述同相迟滞电压比较器的工作原理，列写输入、输出关系。

（3）各波形发生电路有没有输入端？

（4）总结实验过程与体会，写出完整、规范的实验报告。

实验十九　两级放大电路的设计

一、实验目的

（1）掌握两级放大电路的设计方法和调试技术。

（2）熟悉元器件、仪器设备的使用。

（3）培养分析和解决电路实际问题的能力。

二、实验原理

1．放大电路的级数

当电压放大倍数用一级电路不能满足要求时，就要采用多级放大电路。电路的级数主要根据对电路的电压增益（放大倍数）的要求和分配给每级放大电路的放大倍数来确定，通常分配给前级放大电路的电压增益低一些，后级放大电路电压增益高一些为宜，并要留有15%～20%的裕量，总的放大倍数为各级放大倍数的乘积。

2．级间耦合方式

阻容耦合有隔直作用，使各级的静态工作点互相独立，调试非常方便，只要按照单级电路的实验分析方法，一级一级地调试就可以了。在晶体管小信号放大电路中，阻容耦合得到了广泛的应用。它具有频率响应好等优点，但是各级之间不易实现阻抗匹配，能量损耗也较大。

3．放大电路的组态

放大电路的组态选择主要考虑电路的输入电阻、输出电阻、电压增益及噪声系数等因素。共射电路既有电流放大又有电压放大，且可减小噪声系数，因此在小信号放大电路中较多采用。

4．各级静态工作点的选定

各级静态工作点（I_{CQ}、U_{CEQ}）的设定，一般根据电路的动态范围、噪声大小和输入电阻等要求综合考虑，这些方面当然不能全面兼顾，在实际设计中多数考虑放大电路各级所处的位置和所起的作用，来设定其静态工作点。

多级放大电路各级静态工作点的设定与单级放大电路基本相同，一般取前一级工作电流 I_{CQ} 小于后级。为了提高输入电阻，同时减少噪声，第一级工作电流不宜过大。

5．两级放大电路的输入、输出电阻

输入电阻由第一级放大电路确定，输出电阻取决于末级放大电路。

6. 放大电路的通频带

阻容耦合放大电路，由于耦合电容 C_1、C_2 和射极旁路电容 C_e 的存在，以及杂散电容 C_0 和晶体管结电容等的影响，使电路对不同频率的信号具有不同的放大能力，导致电压放大倍数 A_u 随信号频率而改变，其变化曲线称为幅频特性曲线。

两级阻容耦合放大电路如图 5.5.1 所示。

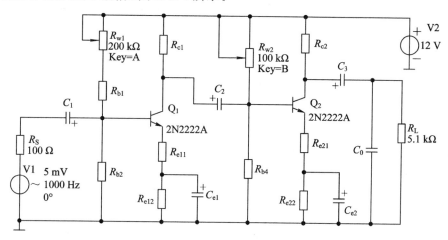

图 5.5.1 两级阻容耦合放大电路

三、实验设备及器材

（1）函数信号发生器 1 台；

（2）直流稳压电源 1 台；

（3）双踪示波器 1 台；

（4）交流毫伏表 1 台；

（5）数字万用表 1 台；

（6）常见电阻、电容及晶体管等元件。

四、预习及思考

（1）掌握多级放大电路静态工作点的调试方法和电压放大倍数、输入电阻、输出电阻的测试方法。

（2）根据所学的知识，设计两级放大电路各元件的参数。

五、实验内容及步骤

1. 设计任务

用分立元器件设计一个阻容耦合两级放大电路，在电源电压为 12 V，输入信号 2 mV$\leqslant$ $u_i\leqslant$5 mV，信号源内阻 $R_S=100\ \Omega$，$R_L=5.1\ k\Omega$ 的条件下，满足以下指标要求：

（1）$A_u>250$；

（2）$R_i>10\ k\Omega$；

（3）BW＝50 Hz～80 kHz；

（4）$D < 5\%$。

2. 静态工作点的测量

在图 5.5.1 所示的电路中，调节 R_{w1}、R_{w2}，令 $U_{C1} = 7$ V，$U_{C2} = 6$ V，分别测量第一级、第二级的 U_B、U_E，将结果记入表 5.5.1 中，并计算 U_{BE}、U_{CE} 和 I_C 的值。

表 5.5.1　静态工作点的测量

项目	测量值			计算值		
	U_B/V	U_E/V	U_C/V	U_{BE}/V	U_{CE}/V	I_C/mA
第一级						
第二级						

3. 测量两级放大电路的放大倍数

调节函数信号发生器，使其输出有效值为 5 mV、频率为 1000 Hz 的正弦波信号，接到图 5.5.1 电路的信号输入端，接入负载 5.1 kΩ，测量各级信号的电压值，并计算出各级信号的电压放大倍数，结果记入表 5.5.2 中。

表 5.5.2　测量各级信号的电压并计算电压放大倍数

u_i/mV	u_{o1}/V	u_{o2}/V	A_{u1}	A_{u2}	A_u

4. 测量二级放大电路的输入和输出电阻

1）输入电阻的测量

输入电阻 $R_i = u_i / I_i$，测量输入电压和输入电流的值，即可计算出电路的输入电阻。

2）输出电阻的测量

测量输出端不接负载 R_L 时的输出电压 U_{OC} 和接入负载后的输出电压 U_{OL}，根据

$$U_{OL} = \frac{R_L}{R_o + R_L} U_{OC}$$

得

$$R_o = \left(\frac{U_{OC}}{U_{OL}} - 1 \right) R_L$$

结果记录于表 5.5.3 中。

表 5.5.3　输入、输出电阻的测量

u_i/mV	$I_i/\mu A$	u_{OL2}/V	u_{OC2}/V	R_i/Ω	R_o/Ω

5. 通频带和失真度 D 的测量

利用 Multisim 仿真软件的波特图仪，测量放大电路的通频带，利用失真分析仪，测量放大电路输出信号的失真度，结果记入表 5.5.4 中。

表 5.5.4 通频带和失真度的测量

f_L/Hz	f_H/kHz	BW/kHz	D

6. 观察输入、输出信号的波形

观察两级放大电路的输入与输出信号波形，说明其输入、输出电压的相位关系。

六、实验注意事项

（1）两级放大电路的放大倍数不高，为了稳定工作点，可采用两级分压式偏置的共发射极放大电路。

（2）为了满足输入电阻和失真度的要求，两级放大电路的发射极须引入交流串联负反馈。

（3）通频带的要求不高，一般容易达到，可通过改变电容的容量实现。

（4）通频带的上限频率为 80 kHz，可选用一般的小功率管，现选用 2N2222A，取 $\beta = 296.5$。

七、实验思考与总结

（1）若电路的静态工作点正常，当输入交流信号后，放大电路无信号输出，则如何排除故障？

（2）两级放大电路第二级的输出波形上半周失真，试分析如何调整电路，使波形不失真。

（3）如 f_L、f_H 不满足设计指标的要求，应如何调整？

实验二十　整流、滤波及稳压电路

一、实验目的

（1）学习直流电源电路的组成及工作原理。

（2）探究整流、电容滤波电路的特性。

（3）掌握直流稳压电源的主要性能指标的测量方法。

二、实验原理

1. 直流稳压电源的组成

直流稳压电源的组成包括电源变压器、整流电路、滤波电路和稳压电路四个部分，如图 5.6.1 所示。

电源变压器把 220 V 交流电变换为整流所需的合适的交流电压。整流电路利用二极管的单向导电性，将交流电压变成单向的脉动电压。滤波电路利用电容、电感等储能元件，减少整流输出电压中的脉动成分。稳压电路实现输出电压的稳定。

常用整流电路如图 5.6.2 所示，有半波整流、全波整流和桥式整流三种。经过半波整流后的直流电压约为 $0.45U_2$，经过全波或桥式整流后的直流电压约为 $0.90U_2$（U_2 为电源变压器副边电压的有效值，下同）。

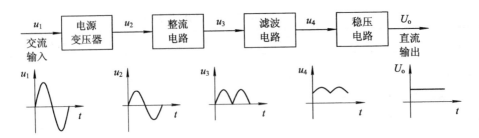

图 5.6.1　直流稳压电源的组成

常用滤波电路如图 5.6.3 所示,有 C 型、RC 或 LC 倒 Γ 型和 Π 型。结构最简单的是 C 型滤波电路,在整流电路后加上滤波电容组成。滤波电容的选择要满足 $R_L C \geqslant (3 \sim 5) T/2$,此时输出纹波电压峰峰值 $U_{rpp} \approx I_L T/2C$,其中 T 为输入交流电周期,R_L 为负载电阻,I_L 为负载电流。一般情况下,全波整流电容滤波电路输出电压约为 $(1.1 \sim 1.2) U_2$。

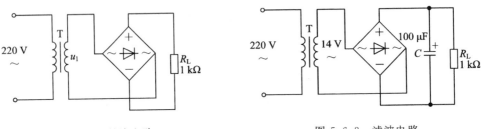

图 5.6.2　整流电路　　　　　　　　　图 5.6.3　滤波电路

稳压电路可采用分立元件(见图 5.6.4)或集成稳压器(见图 5.6.5)。集成稳压器输出电压有固定与可调之分。固定电压输出稳压器常见的有 LM78××(CW78××)系列正电压输出三端稳压集成块和 LM79××(CW79××)系列负电压输出三端稳压集成块。可调式三端集成稳压器常见的有 LM317(CW317)系列正电压输出稳压集成块和 LM337(CW337)系列负电压输出稳压集成块。其中固定三端稳压集成块 LM7812 的输出电压为

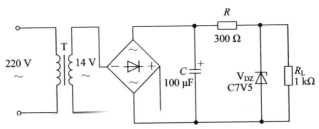

图 5.6.4　分立元件稳压电路

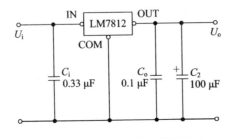

图 5.6.5　LM7812 集成稳压电路

12 V，输出电流为 0.1～1.5 A（TO-220 封装），稳压系数为 0.005% ～ 0.2%，纹波抑制比为 56～68 dB，输入电压为 14.5～40 V。三个端子分别为输入端 IN、接地端 COM 和输出端 OUT。典型应用电路如图 5.6.5 所示。图中 C_i 可防止由于输入引线较长带来的电感效应而产生的自激；C_0 用来减小由于负载电流的瞬间变化而引起的高频干扰；C_2 为较大容量的电解电容，用来进一步减小输出脉动和低频干扰。

2. 直流稳压电源的主要性能参数及其含义

（1）稳压系数 S_r 是在保持输出电流 I_o 不变的情况下，输出电压与输入电压相对变化量之比，即

$$S_r = \frac{\Delta U_o / U_o}{\Delta U_i / U_i}\bigg|_{\Delta i_o = 0} = \frac{\Delta U_o}{\Delta U_i} \times \frac{U_i}{U_o}$$

S_r 是表示稳压电源稳压性能最重要的指标，其范围为 $10^{-2} \sim 10^{-4}$。

（2）输出电阻 R_o 是保持输入电压 U_i 不变时，输出电压的变化量 ΔU_o 与输出电流变化量 ΔI_o 之比，即

$$R_o = -\frac{\Delta U_o}{\Delta I_o}\bigg|_{\Delta U_i = 0}$$

R_o 是稳压电源的另一个重要指标，它表示电源驱动负载的能力接近理想电压源的程度，其值越小越好，一般在 $10^{-1} \sim 10^{-3}$ Ω。

（3）最大输出纹波电压是指在输出额定电流时，输出纹波电压的有效值。纹波越小，表示稳压性能越高，一般在毫伏数量级，经特殊处理可做到 μV 数量级。

三、实验设备及器件

（1）双踪示波器；

（2）万用表；

（3）交流毫伏表；

（4）直流毫安表；

（5）电阻器、电容器、二极管、稳压管等。

四、预习及思考

（1）复习有关整流滤波稳压电路的内容。

（2）了解集成三端稳压器的主要技术参数。

（3）稳压二极管起稳压作用的条件是什么？

（4）结合实验电路进行理论分析。

五、实验内容及步骤

（1）按实验原理图 5.6.2 接好线路并仔细检查，确保电路连接正确，测量输入电压和整流桥的输出电压与波形。注意：不能用双踪示波器同时观察输入与输出波形，否则会短路。

（2）按实验原理图 5.6.3 接好线路并仔细检查，测量整流桥加滤波电容电路的输出电压和波形。输入输出波形对照参考图 5.6.6。

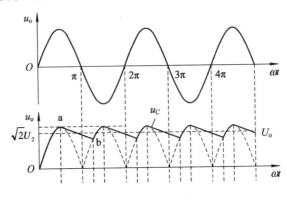

图 5.6.6　滤波波形图

（3）按实验原理图 5.6.4 接好线路并仔细检查，测量整流桥加滤波电容加稳压管电路的输出电压和波形。

（4）测量直流稳压电源的开路输出电压 U_{OC} 与带负载输出电压 U_L，计算出其等效内阻：

$$R_o = \frac{R_L(U_{OC} - U_L)}{U_L}$$

将上述测得数据填入表 5.6.1 中，并与理论计算值比较，进行误差分析。

表 5.6.1　测量输入、输出电压及波形

测量对象	输入交流电压	输出电压（直流挡测量）			输入、输出波形
	实测值	实测负载电压	计算负载电压	误差	u_i 波形
整流					u_o 波形
整流滤波					u_o 波形
整流滤波稳压					u_o 波形

（5）测量直流稳压电源的外特性。

改变 R_L 值，测量对应的 U_L 值，分别填入表 5.6.2 中，根据测定值逐点描出 $U_L - I_L$ 曲线，即为直流稳压电源的外特性。

表 5.6.2　直流稳压电源的外特性

$R_L / k\Omega$	∞	3	2	1
U_L / V				
I_L / mA（计算）				

六、实验注意事项

（1）禁止用双踪示波器同时观察输入、输出波形。

（2）滤波电容和稳压管的两极不能接反，否则会造成元件损坏甚至人员损伤。

（3）要特别注意整流桥 4 个端子的接入，应根据具体实验装置辨别清楚两个交流端和两个直流端，不能接错。

（4）测量直流稳压电源的外特性时，负载电阻不宜过大或过小，要保证稳压管能正常工作（$5\ mA \leqslant I_z \leqslant I_{Zmax}$）。

七、实验思考与总结

（1）极性电容接反会有什么后果？怎样避免极性接反？

（2）在桥式整流电路中，如果某个二极管短路、开路或接反将会出现什么问题？

（3）引起稳压电源输出电压不稳定的主要原因是什么？

（4）整理实验数据，算出直流稳压电源的等效内阻，画出直流稳压电源的外特性。

（5）分析稳压电路在负载发生变化时，输出电压在一定范围内保持稳定的原理。

（6）总结实验过程与体会，写出完整、规范的实验报告。

实验二十一　集成功率放大电路设计

一、实验目的

（1）熟悉集成功率放大电路的特点。

（2）掌握集成功率放大电路的主要性能指标及测量方法。

二、实验原理

功率放大器的主要任务是在信号不失真或轻度失真的条件下提高输出功率。通常工作在大信号状态下，要求输出功率大、效率高的同时，还要考虑减小非线性失真、功率管的散热、过压过流保护等。静态电流是造成管耗的主要因素，因此在低频功率中主要采用静态工作点低的甲类或乙类功率放大器。

通常集成 LM386 可作为集成功放的核心单元，LM386 内部电路如图 5.7.1 所示，共有 3 级。$V_1 \sim V_6$ 组成有源负载单端输出差动放大器作输入级，V_5、V_6 构成镜像电流源作差放的有源负载以提高单端输出时差动放大器的放大倍数。中间级是由 V_7 构成的共射放大器，也采用恒流源 I 作负载以提高增益。输出级由 $V_8 \sim V_{10}$ 组成准互补推挽功放，V_{D1}、V_{D2} 组成功放的偏置电路以利于消除交越失真。

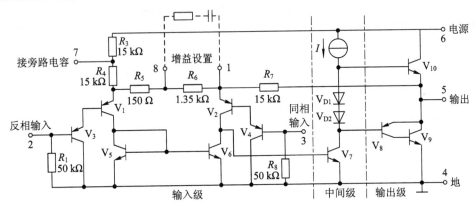

图 5.7.1 LM386 内部电路

管脚功能为：2、3 脚分别为反相、同相输入端；5 脚为输出端；6 脚为正电源端；4 脚接地；7 脚为旁路端，可外接旁路电容以抑制纹波；1、8 脚为电压增益设定端。

LM386 的典型应用如图 5.7.2 所示。

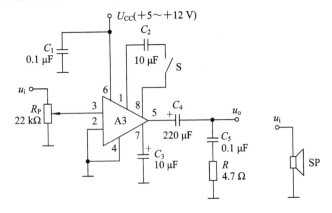

图 5.7.2 LM386 的功放电路图

当 1、8 脚开路时，负反馈最深，电压放大倍数最小，设定 $A_{uf}=20$。

当 1、8 脚间接入 10 μF 电容时，内部 1.35 kΩ 电阻被旁路，负反馈最弱，电压放大倍数最大，$A_{uf}=200$(46 dB)。

当 1、8 脚间接入电阻 R 和 10 μF 电容串接支路时，调整 R 可使电压放大倍数 A_{uf} 在 20～200 间连续可调，且 R 越大，放大倍数越小。当 $R_2=1.24$ kΩ 时，$A_{uf}=50$。

电路中，5 脚输出接 R、C_5 构成串联补偿网络与呈感性的负载(扬声器)相并，最终使等效负载近似呈纯阻，以防止高频自激和过压现象。

输出通过一个 220 μF 的大电容，接到 8 Ω 的负载电阻(扬声器)，此时 LM386 组成 OTL 准互补对称电路

7 脚外接旁路 C_3 去耦电容，用以提高纹波抑制能力，消除低频自激。

三、实验设备及器材

(1) 示波器;

(2) 信号发生器;

(3) 万用表;

(4) 电阻、电容、集成块等。

四、预习及思考

(1) 复习集成功率放大电路的工作原理,对照图 5.7.2 分析电路工作原理。

(2) 分析输出电路部分各元件的作用。

(3) 阅读实验内容,准备记录表格。

五、实验内容及步骤

(1) 按图 5.7.1 电路在实验板上插装电路,不加信号时测静态工作电流。

(2) 按照图 5.7.1 接好实验电路,取 $U_{CC}=12$ V,$u_i=50$ mV,$f=1$ kHz,不接负载,测功率的幅频特性,填入表 5.7.1 中。

表 5.7.1　空载的功率幅频特性

u_i/mV	f/Hz	f_H/Hz	f_L/Hz	通频带
50				

(3) 接负载 SP=8 Ω,重复 2 中的实验步骤,将数据填入表 5.7.2 中。

表 5.7.2　负载的功率幅频特性

u_i/mV	f/Hz	f_H/Hz	f_L/Hz	通频带
50				

(4) 在输入端接 1 kHz 信号,用示波器观察输出波形,逐渐增加输入电压幅度,直至出现失真为止,记录此时输入、输出电压幅值及波形。

(5) 在 1 和 8 脚之间改变接法,断开,接电容,接电容电阻串联,自拟表格和方法对比放大倍数的变化。

六、实验注意事项

集成功放一定要设计好保护电路,防止功放管过流、过压、过耗损或二次击穿。

七、实验思考与总结

(1) 根据实验测量值、计算各种情况下的最大输出功率 P_{om}、电源供给功率 P_V 及效率 η。

(2) 作出电源电压与输出电压、输出功率的关系曲线。

第六章　数字电子技术实验

实验二十二　常用集成门电路的测试

一、实验目的

(1) 掌握常用集成门电路逻辑功能的测试方法。

(2) 掌握常用集成门电路外部电气特性的测试方法。

(3) 掌握 TTL 和 CMOS 集成器件的正确使用方法。

(4) 熟悉数字电路实验相关装置的结构、基本功能和使用方法。

二、实验原理

在数字电路中，把能实现逻辑运算功能的电路称为门电路。门电路的输入信号与输出信号之间存在一定的逻辑关系，因此门电路又称为逻辑门电路。基本逻辑门电路有与门、或门和非门三种以及由它们组合而成的与非、或非等门电路。

各种复杂的数字电路都是由门电路组成的基本逻辑单元构成的，目前常用的门电路都有集成电路产品可供选用。掌握这些集成逻辑门的逻辑功能和电气特性，对于正确使用数字集成电路是十分重要的。目前广泛使用的是 CMOS 和 TTL 两类集成门电路。

TTL 是三极管-三极管逻辑电路(Transistor－Transistor Logic)的缩写。TTL 集成电路工作速度较高，抗干扰能力较强，驱动能力较强，但功耗大，集成度低。CMOS 集成电路是以 MOS 管(Metal－Oxide－Semiconductor Field－Effect Transistor)作为开关器件，它具有输入阻抗高、静态功耗低、集成度高、电源电压变化范围宽等优点，超大规模集成电路基本上都是 CMOS 集成电路，其缺点是工作速度略低。

在分析和设计数字系统时，首先要掌握各种集成门的逻辑功能。本实验通过常用的与非门、或非门及三态门的功能测试来掌握集成门逻辑功能测试的一般方法。在实际使用器件时，对于同样封装形式、具有相同逻辑功能的不同系列产品，因其电气特性不相同，不能简单地将它们互相替换使用，应根据不同的应用场合，挑选使用，这就需要掌握逻辑门的外部特性及其相关参数。本实验以 TTL 与非门和 CMOS 或非门为例进行主要参数的测试，以期掌握集成门电路参数测试的一般方法。下面介绍其中涉及的几个概念。

(1) 电压传输特性：指输出电压 U_o 随输入电压 U_i 变化的函数关系曲线 $U_o = f(U_i)$，如图 6.1.1 所示。它充分显示了 TTL 与非门的逻辑关系，通过它还可以得到门电路的一些重要参数：输出高电平 U_{OH}(电压传输特性曲线中 AB 段的输出电压)、输出低电平 U_{OL}(电压传输特性曲线中 DE 段的输出电压)、阈值电压 U_{TH}(电压传输特性曲线中 CD 段的中点电压)等。

TTL 与非门的电压传输特性测试电路如图 6.1.2 所示。

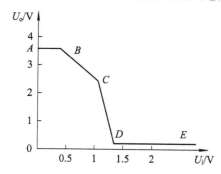

图 6.1.1 TTL 与非门电压传输特性

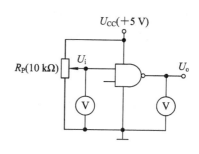

图 6.1.2 TTL 与非门电压传输特性测试电路

CMOS 或非门的电压传输特性可用图 6.1.3 所示的电路进行测试。调节输入端的电压 U_i 测量对应的输出电压 U_o，由所测数据绘制其电压传输特性曲线，并从曲线中得到输出高电平 U_{OH} 和输出低电平 U_{OL} 等。

(2) TTL 与非门输出高电平时的电源电流 I_{CCH}：输出端空载，至少一个输入端接地，其余输入端悬空，与非门处于截止状态时电源提供给器件的电流。

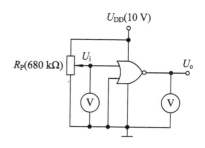

图 6.1.3 CMOS 或非门电压传输特性测试电路

(3) TTL 与非门输出低电平时的电源电流 I_{CCL}：输出端空载，所有输入端悬空，与非门处于导通状态时电源提供给器件的电流。

I_{CCH} 和 I_{CCL} 的测试电路如图 6.1.4 所示。通常 $I_{CCH} < I_{CCL}$，它们的大小反映了器件的静态功耗。

(5) TTL"与非"门高电平输入电流 I_{IH}：指被测输入端接高电平，其余输入端接地，输出端空载时流入被测输入端的电流值。在多级门电路中，其大小反映了前级门的拉电流负载能力。

(6) TTL"与非"门低电平输入电流 I_{IL}：指被测输入端接地，其余输入端悬空，输出端空载时由被测输入端流出的电流值。在多级门电路中，其大小反映了前级门的灌电流负载能力，直接影响前级门电路带负载门的个数。

I_{IN} 和 I_{IL} 的测试电路如图 6.1.5 所示。

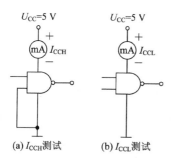

图 6.1.4 I_{CCH} 和 I_{CCL} 测试电路

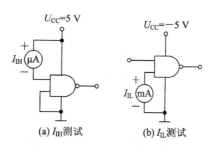

图 6.1.5 I_{IH} 和 I_{IL} 测试电路

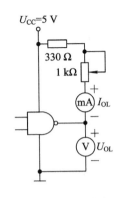

（7）扇出系数 N_O：指门电路能同时驱动同类门的最大数目，反映了门电路的带负载能力。CMOS 集成电路的扇出能力比较强，低频工作时 N_O 可达到 50 以上。对于 TTL 与非门，根据负载性质的不同，分为灌电流负载和拉电流负载，通常灌电流负载对应的扇出系数较低，常用其作为门的扇出系数。测试电路如图 6.1.6 所示。与非门的输入端全部悬空，调节 R_L 使 I_{OL} 增大，U_{OL} 亦随之增大，当 $U_{OL}=0.4$ V 时即为允许灌入的最大负载电流，$N_O=I_{OL}/I_{IL}$，通常 $N_O \geqslant 8$。

图 6.1.6　N_O 测试

（8）平均传输延迟时间 t_{pd}：是衡量门电路速度的重要指标，$t_{pd}=(t_{PHL}+t_{PLH})/2$，如图 6.1.7 所示。为提高测量的精度，可将 5 个与非门首尾串联起来进行测量，构成一个环形振荡器，如图 6.1.8 所示。在此环形振荡器中某点的逻辑状态经过奇数个门的延迟后又重新回到原来的逻辑状态，说明经过所串联的奇数个门的延迟时间使该点发生了一个周期的振荡。由此可得到其中门的平均传输延迟时间与环形振荡器的周期关系为 $t_{pd}=T/10$。

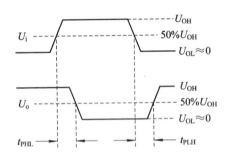

图 6.1.7　平均传输延迟时间的定义

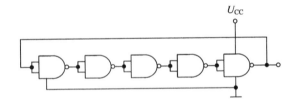

图 6.1.8　平均传输延迟时间的测量

三、实验设备及器材

（1）数字双踪示波器；

（2）数字电子实验系统；

（3）数字万用表；

（4）TTL 与非门电路（74LS00）、CMOS 或非门电路（CD4001）、三态门电路（74LS125）各一块。

四、实验预习要求

（1）复习各种门电路的功能及相关参数的含义，了解其使用和测试方法。

（2）熟悉实验所用器件的逻辑功能和外部引脚排列，了解常用的 74 系列芯片的编号方式。

（3）根据实验内容的要求，拟订记录数据的表格和坐标。

五、实验内容及步骤

1. 集成门电路的功能测试

1) TTL 与非门功能测试

74LS00 是四—2 输入与非门电路,其外引线排列见图 6.1.9。按图 6.1.12 接线,测试其每个与非门的逻辑功能。与非门的输入和输出分别接数字实验系统上的逻辑电平开关和指示灯。改变输入状态的高、低电平,观察输出状态并将结果填入表 6.1.1 中(注意各门的输入与输出的对应关系)。

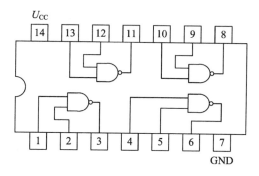

图 6.1.9　四—2 输入与非门电路

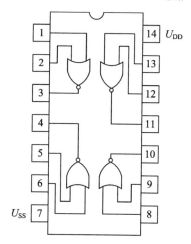

图 6.1.10　四—2 输入或非门电路

表 6.1.1　TTL 与非门功能测试

输　入　端								输　出　端			
1	2	4	5	9	10	12	13	3	6	8	11
0	0	0	0	0	0	0	0				
0	1	0	1	0	1	0	1				
1	0	1	0	1	0	1	0				
1	1	1	1	1	1	1	1				

— 157 —

2）CMOS 或非门功能测试

CD4001 是四—2 输入或非门电路，其外引线排列见图 6.1.10。仿照与非门的功能测试方法，测试其每个或非门的逻辑功能。自拟表格，记录各或非门的输入、输出状态。

3）TTL 三态门逻辑功能的测试

TTL 三态门 74LS125 管脚排列见图 6.1.11，按图 6.1.13 接线。改变控制端 EN' 及芯片内部任意两个三态门的输入信号 A、B 的高低电平，观察输出端的状态，并填入表 6.1.2 中，写出 Y 的表达式。

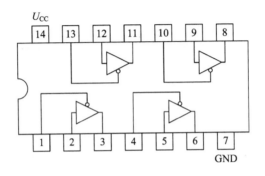

图 6.1.11　三态门电路

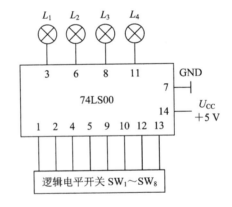

图 6.1.12　TTL 与非门功能测试

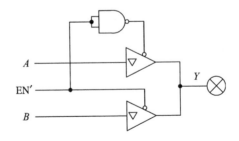

图 6.1.13　三态门功能测试

表 6.1.2　CMOS 或非门功能测试

EN′	A	B	Y
0	0	0	
	0	1	
	1	0	
	1	1	
1	0	0	
	0	1	
	1	0	
	1	1	

2. 集成门电路的电气参数的测试

1）电压传输特性的测试

将 74LS00 的一个与非门按图 6.1.2 接线，调节电阻 R_P 的大小以得到变化的 U_i，逐点测得 U_i 与 U_o，将结果记入表 6.1.3 中（注：表中数值自拟，可多取几个点），并绘制电压传输特性曲线。

表 6.1.3　与非门电压传输特性参数

U_I/V	0.2	0.4	1.0	…	2.0	2.5	3.0	3.5	4.0
U_o/V									

将 CD4001 的一个或非门按图 6.1.3 接线，注意 U_{DD} 接 +10 V，U_{SS} 接地，调节 R_P 的大小以得到变化的 U_i，自拟表格，选择若干个 U_i，测量对应的 U_o，注意在变化较大的区域所取的点应密集些，并绘制电压传输特性曲线。

2）TTL 与非门输出高电平时的电源电流 I_{CCH} 与输出低电平时的电源电流 I_{CCL} 的测试

将 74LS00 的一个与非门按图 6.1.4(a)接线，输出端空载，一个输入端接地，另一个输入端悬空，将所测 I_{CCH} 记录入表 6.1.4 中；将 74LS00 的一个与非门按图 6.1.4(b)接线，输出端空载，输入端均悬空，将所测 I_{CCL} 记入表 6.1.4 中。

3）TTL 与非门高电平输入电流 I_{IH} 与 TTL 与非门低电平输入电流 I_{IL} 的测试

将 74LS00 的一个与非门按图 6.1.5(a)接线，输出端空载，被测输入端接高电平，另一个输入端接地，将所测 I_{IH} 记录入表 6.1.4 中；将 74LS00 的一个与非门按图 6.1.5(b)接线，输出端空载，被测输入端接低电平，另一个输入端悬空，将所测 I_{IL} 记入表 6.1.4 中。

4）扇出系数 N_O 的测试

将 74LS00 的一个与非门按图 6.1.6 接线，与非门的输入端全部悬空，调节 R_L 使 I_{OL} 增大，U_{OL} 亦随之增大，记录 $U_{OL}=0.4$ V 时的 I_{OL}，计算 $N_O=I_{OL}/I_{IL}$，填入表 6.1.4 中。

5）平均传输延迟时间 t_{pd} 的测试

取两片 74LS00，将其中的任意 5 个与非门按图 6.1.8 接线，用数字示波器测量振荡周期 T，计算 $t_{pd}=T/10$，填入表 6.1.4 中。

表 6.1.4　TTL 与非门电气参数的测试

参　数　名　称	单　位	测　量　值
输出高电平时的电源电流 I_{CCH}		
输出低电平时的电源电流 I_{CCL}		
高电平输入电流 I_{IH}		
低电平输入电流 I_{IL}		
扇出系数 N_O		
平均传输延迟时间 t_{pd}		

六、实验注意事项

(1) 插接集成器件时要注意引脚的排列规则，注意与集成器件的插座对应，不得插反。

(2) TTL 集成门电路要求使用的电源电压是 +5 V(使用范围为 4.5 ~5.5 V)，注意其极性，不得接反。其多余的输入端欲接高电平时，可悬空(但此情况易受干扰)、直接接电源或者与其他高电平输入端并联。

(3) CMOS 集成门电路电源电压通常选 $U_{DD} = 10$ V(使用范围为 3 ~18 V)，U_{DD} 接电源正极，U_{SS} 接地。其输入端不能悬空，以防止因输入阻抗高而产生的静电电压损坏器件，应按逻辑要求接 U_{DD} 或接 U_{SS}。在可能出现较大输入电流的应用场合下应对其输入端采取适当的过流保护电路，并且注意在调试使用时注意先接通电源再加输入信号，使用结束后先撤除输入信号再关电源。

(4) 除三态门和 OC 门外输出端不能并联使用，以免电路逻辑功能混乱而导致器件损坏。输出端不能直接接地或电源，以免损坏器件。

(5) 严禁在通电的情况下拆装集成器件。

(6) CMOS 和 TTL 两类集成电路混合使用时，应注意采用适当的接口技术。

七、实验总结与思考

(1) 整理实验记录，画出有关的真值表，绘制电压传输特性曲线，分析实验结果。

(2) 根据 TTL 与非门的传输特性曲线，确定其输出高电平 U_{OH}、输出低电平 U_{OL}、阈值电压 U_{TH}；根据 CMOS 或非门的传输特性曲线，确定其输出高电平 U_{OH}、输出低电平 U_{OL} 以及其开门电平、关门电平。

(3) TTL 与非门输入端悬空相当于输入何种逻辑？为什么？

(4) 总结如何处理与门、与非门、或门、或非门电路的多余输入端。

(5) 如果经测试发现 74LS00 四-2 与非门中有一个与非门失效了，那么该集成片还能使用吗？

(6) 普通门电路的输出能否并联？

(7) 这次实验过程中遇到了什么问题，是如何解决的？谈谈自己的收获。

实验二十三　组合逻辑电路的设计及应用

一、实验目的

（1）掌握一般组合逻辑电路的分析和设计方法。

（2）熟悉常用的中规模集成组合逻辑电路芯片的逻辑功能及使用方法。

（3）掌握用中规模集成电路设计组合逻辑电路的方法。

（4）熟悉组合逻辑电路的静态测试、故障分析及排除方法。

二、实验原理

组合逻辑电路是最常见的逻辑电路之一，其特点是任意时刻的输出信号仅取决于该时刻的输入信号，而与信号作用前电路的状态无关，是没有记忆功能的电路。组合逻辑电路的设计任务就是根据实际的逻辑问题，设计出能实现相应逻辑要求的组合逻辑电路的过程。

组合逻辑电路设计的一般过程：首先进行逻辑规定，再根据所给逻辑问题中的因果关系列出逻辑真值表，然后由真值表写出逻辑表达式（或用卡诺图表示），再用卡诺图或代数法化简以得到最简逻辑表达式，画出逻辑电路图。所谓"最简"是指电路所用元器件的数量最少，元器件的种类最少，而且元器件之间的连线也最少。

但在实际使用时，往往给定了一些具体的门电路或者要求用一些中规模集成电路来实现，那么在写出逻辑函数表达式之后，应做一些相应的变换。如果是要求使用指定的门电路，就要把函数式变换成相应门电路的形式。如果是要求使用中规模集成电路（MSI），常把函数式变换成与所用器件的逻辑函数式类似的形式，采用逻辑函数式对照的方法，确定所用的器件各输入端应当接入变量或常量（0 或 1）、功能端及片间的接法。

本实验通过使用全加器、数据选择器、译码器设计组合逻辑电路，以期进一步明确它们的工作原理及逻辑功能，进而掌握中规模集成器件的使用方法，特别是其功能扩展方法。

全加器不只考虑两个相加的待加数 A_i 和 B_i，还有一位来自前面低位送来的进位数 C_{i-1}，这三个数相加，得出本位和数（全加和数）S_i 和进位数 C_i。

数据选择器又称多路选择器（MUX），实现从多路数据中选择一路进行传输，其结构框图如图 6.2.1 所示。

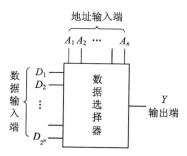

图 6.2.1　MUX 结构框图

n 选 1 数据选择器是从 n 个输入的数据中选择一个进行传输，如双 4 选 1 数据选择器 74LS153、8 选 1 数据选择器 74LS151 等。由数据选择控制端的信号（地址码 $A_n A_{n-1} \cdots A_2 A_1$）来决定选择输入端的数据（$D_1 D_2 \cdots D_{2^n-1} D_{2^n}$）中的某一路。$n$ 选 1 数据选择器的逻辑函数式为

$$Y = \sum_{i=0}^{n-1} m_i D_i$$

译码器是将具有特定含义的数码译成对应的输出信号。有二进制译码器、二—十进制译码器及七段显示译码器。译码器是一个多输入、多输出的组合逻辑电路。二进制译码器又称变量译码器，用以表示输入变量的状态。n 线—2^n 线译码器有 n 个输入端，这 n 个输入端就有 2^n 个不同的组合状态，对应于 2^n 个输出端；对于每种输入二进制代码，只有其中一个输出为有效电平，其余输出端为非有效电平。输入的代码也叫地址码，即每个输出端有一个对应的地址码。二进制译码器的应用很广，可实现存储系统的地址译码用于扩展地址线，可用作数据分配器或脉冲分配器，因二进制译码器的各个输出与输入变量的各个最小项——对应，可以很方便地实现逻辑函数。

三、实验设备及器材

（1）直流稳压电源；

（2）数字电子实验系统；

（3）数字万用表；

（4）集成电路：2 片四—2 输入与非门 74LS00、1 片二—4 输入与非门 74LS20、2 片四—2 输入异或门 74LS86、1 片四位全加器 74LS283、1 片 8 选 1 数据选择器 74LS151、1 片 4 选 1 数据选择器 74LS153、1 片 3 线—8 线译码器 74LS138。

四、实验预习要求

（1）复习组合逻辑电路的分析和设计方法。

（2）熟悉实验用到的各芯片外引线的排列，见图 6.2.2～图 6.2.7。

（3）自行查找资料，熟悉实验用到的各中规模集成电路的功能和使用方法。

（4）列出实验内容中要求设计电路的逻辑表达式，并画出实验电路图。

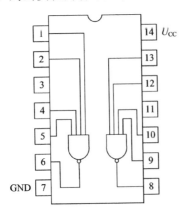

图 6.2.2　二—4 输入与非门 74LS20

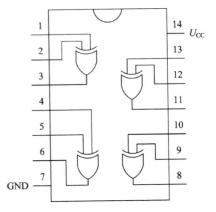

图 6.2.3　四—2 输入异或门

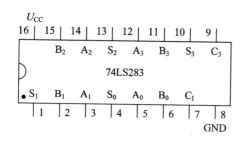

图 6.2.4 四位全加器 74LS283

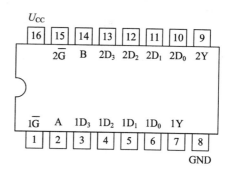

图 6.2.5 4 选 1 数据选择器 74LS153

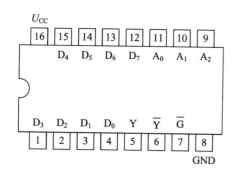

图 6.2.6 8 选 1 数据选择器 74LS151

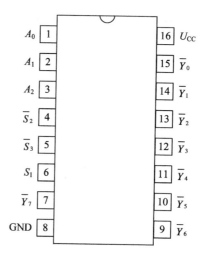

图 6.2.7 3 线－8 线译码器 74LS138

五、实验内容及步骤

1. 发电机控制电路

某工厂有三个车间 A、B、C 和一个自备电站，站内有两台发电机 X、Y。Y 的发电能力是 X 的两倍。如果一个车间开工，启动 X 就能满足供电要求；如果两个车间开工，启动 Y 就能满足供电要求；如果三个车间同时开工，则 X 和 Y 都应全部启动。要求用异或门和与非门设计控制发电机 X 和 Y 启动的控制电路。

列出真值表，化简求出 X 和 Y 的逻辑表达式，根据上述门的要求，画出实验原理图。用数字电子系统验证。用数字电子系统中的逻辑电平开关实现输入状态，输出的状态通过电平指示灯体现。指示灯亮表示输出为"1"，指示灯不亮表示输出为"0"。其电路框图如图 6.2.8 所示。

2. 设计一个代码转换电路

用四位全加器 74LS283 设计一个组合逻辑电路，将

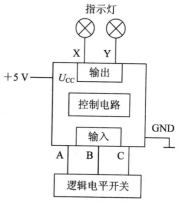

图 6.2.8 发电机电路框图

163

8421BCD 码转换成余 3 码。8421BCD 码和余 3 码的对应关系如表 6.2.1 所示。

表 6.2.1 8421BCD 码和余 3 码的对应关系

8421BCD 码输入	余 3 码输出
0 0 0 0	0 0 1 1
0 0 0 1	0 1 0 0
0 0 1 0	0 1 0 1
0 0 1 1	0 1 1 0
0 1 0 0	0 1 1 1
0 1 0 1	1 0 0 0
0 1 1 0	1 0 0 1
0 1 1 1	1 0 1 0
1 0 0 0	1 0 1 1
1 0 0 1	1 1 0 0

3. 三人表决电路

三人表决，二人及以上投赞成票则视为通过，用"1"表示，否则不通过，用"0"表示。每个人投赞成票时用"1"表示，指示灯亮；不赞成时用"0"表示，指示灯灭。

(1) 用给定的与非门实现该三人表决电路。

(2) 用 8 选 1 数据选择器 74LS151 实现该三人表决电路。

(3) 用 3 线－8 线译码器 74LS138 和与非门该实现三人表决电路。

分别写出以上三种方案完整的设计过程，并用电路验证。三人表决的状态用数字电子实验系统上的电平开关的状态实现，表决结果用指示灯的状态表示。

六、实验注意事项

本次实验所用的集成电路均用＋5 V 电源，电源端与参考地端不能接反。测试过程中防止发生表笔、探头等之间的短路。

七、实验总结与思考

(1) 写出实验内容中的每个电路的完整设计过程，画出相应的逻辑电路接线图。

(2) 对所设计电路进行测试，记录结果。

(3) 对实验中的三人表决电路，如果改用 4 选 1 数据选择器 74LS153 实现，写出完整的设计过程。

(4) 画出用全加器实现三人表决的电路。

(5) 总结本次实验的体会。

实验二十四 双稳态触发器功能测试及其应用

一、实验目的

(1) 掌握用集成"与非"门组成基本 RS 触发器的方法，并测试其逻辑功能。

（2）掌握 JK 触发器、D 触发器、T 触发器的逻辑功能及使用方法。

（3）熟悉触发器之间相互转换的方法。

（4）学习触发器的简单应用。

二、实验原理

触发器是构成时序逻辑电路的基本单元，它具有"1"和"0"两个稳定状态，在适当的外界信号作用下，其两种稳定状态可相互转换，且当输入信号消失后，可保持新获得的状态，因此触发器是一个具有记忆功能的二进制信息存储器。

集成触发器的类型按其逻辑功能来分有 RS 触发器、D 触发器、JK 触发器、T 触发器和 T′触发器；按触发脉冲的触发方式来分有高电平触发、低电平触发、上升沿触发和下降沿触发以及主从触发器的脉冲触发等。

各集成触发器都有固定的逻辑功能，但根据实际需要，也可将一种触发器经过改接或者附加一些门电路后，转变为可实现其他逻辑功能的触发器。

D 触发器的应用很广，常用作数字信号的寄存、移位寄存、分频和波形发生等；JK 触发器常被用作移位寄存器、计数器和缓冲存储器等。

三、实验设备及器材

（1）数字双踪示波器；

（2）数字万用表；

（3）数字电子实验系统；

（4）TTL 集成电路：74LS00（四—2 输入与非门）、74LS74（双 D 触发器）、74LS112（双 JK 触发器）。

四、实验预习要求

（1）复习各类触发器的逻辑功能、触发方式及其结构特点。

（2）复习各类触发器之间的功能转换方法，画出将 JK 触发器转换为 T 触发器、将 D 触发器转换为 T′触发器的逻辑接线图。

（3）熟悉所用集成电路的功能及其外引线排列（见图 6.3.1 和图 6.3.2）。

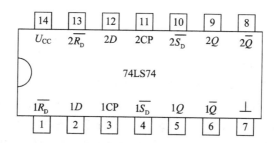

图 6.3.1　双 D 触发器

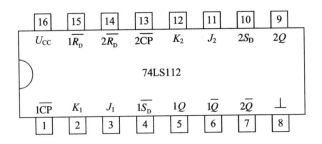

图 6.3.2　双 JK 触发器

五、实验内容及过程

1. 基本 RS 触发器的构成与逻辑功能测试

选择数字实验系统上的芯片 74LS00 中的任意两个与非门,按图 6.3.3 构成基本 RS 触发器。输入端 $\overline{R}_D$ 和 $\overline{S}_D$ 分别接逻辑电平开关,输出端 $\overline{Q}$ 和 Q 分别接电平指示灯,按表 6.3.1 的要求进行测试,观察 Q、$\overline{Q}$ 端的状态,将结果记录于该表中,并写出其特性方程表达式。

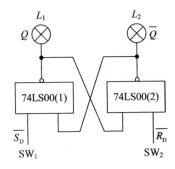

图 6.3.3　与非门构成的基本 RS 触发器

表 6.3.1　基本 RS 触发器逻辑功能测试

测试条件	测试结果	功　能
$\overline{R}_D$　　$\overline{S}_D$	Q　　$\overline{Q}$	
0　　0		
0　　1		
1　　0		
1　　1		

2. D 触发器的逻辑功能测试

取数字实验系统上的 74LS74 芯片中任一个 D 触发器,电源接 +5 V,时钟脉冲 CP 接数字实验系统中的单脉冲输出,输入信号 D 和功能端 $\overline{R}_D$、$\overline{S}_D$ 分别接至逻辑电平开关上,将输出 Q 和 $\overline{Q}$ 接至逻辑电平指示灯上。按表 6.3.2 的要求测试 D 触发器的逻辑功能,将测试结果记入表中。注意表中的"×"表示任意态,"↑"表示脉冲的上升沿。写出 D 触发器的特性方程。

表 6.3.2　D触发器逻辑功能测试

测试条件					测试结果	功　能
$\overline{R}_D$、$\overline{S}_D$、CP、D端状态				触发器原状态	触发器新状态	
$\overline{R}_D$	$\overline{S}_D$	CP	D	Q^n	Q^{n-1}	
0	1	×	×	×		
1	0	×	×	×		
1	1	↑	0	0		
1	1	↑	0	1		
1	1	↑	1	0		
1	1	↑	1	1		
1	1	1	×	0		
1	1	1	×	1		
1	1	0	×	0		
1	1	0	×	1		

3. JK 触发器的逻辑功能测试

(1) 取数字实验系统上的 74LS112 芯片中的任意一个 JK 触发器，电源接＋5 V，时钟脉冲 CP 接数字实验系统中的单脉冲输出，输入信号 J、K 和功能端 $\overline{R}_D$、$\overline{S}_D$ 分别接至逻辑电平开关上，将输出 Q 和 $\overline{Q}$ 接至逻辑电平指示灯上。按表 6.3.3 的要求测试 JK 触发器的逻辑功能，将测试结果记入表中。注意表中的"×"表示任意态，"↑"表示脉冲的上升沿，"↓"表示脉冲的下降沿。写出 JK 触发器的特性方程。

表 6.3.3　JK 触发器逻辑功能测试

测试条件					测试结果				功　能
$\overline{S}_D$、$\overline{R}_D$、J、K端状态				触发器原状态	CP脉冲沿变化后触发器的状态				
					↑	↓	↑	↓	
$\overline{S}_D$	$\overline{R}_D$	J	K	Q^n	Q^{n+1}	Q^{n+1}	Q^{n+2}	Q^{n+2}	
1	0	×	×	×					
0	1	×	×	×					
1	1	1	1	0					
1	1	1	1	1					
1	1	1	0	0					
1	1	1	0	1					
1	1	0	1	0					
1	1	0	1	1					
1	1	0	0	0					
1	1	0	0	1					

（2）在上面（1）中，当 J、K 端接成"1"时，触发器具有计数功能，从 CP 端输入 $f=$ 1000 Hz 的方波，用示波器观察 CP、Q、$\overline{Q}$ 的波形，并记录下来。

4. 触发器之间的相互转换

（1）将 JK 触发器接成 D 触发器。

取 74LS112 中的任一个 JK 触发器，利用 74LS00 中的任意一个与非门，将其接成反相器，依照图 6.3.4 接线，参照实验 2 的测试方法，自拟表格并记录数据。

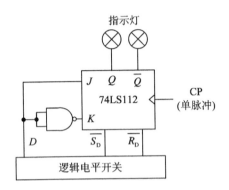

图 6.3.4　将 JK 触发器接成 D 触发器

（2）将 JK 触发器接成 T 触发器。

按照预习所画的逻辑接线图，仿照 1）的做法，连好线路、接通电源测试电路的功能，将结果记入自拟表格中。验证设计的电路是否符合要求，如有不符，检查并修改、测试电路直至达到要求。

（3）将 D 触发器接成 T' 触发器。

按照预习所画的逻辑接线图，仿照 1）的做法，连好线路、接通电源测试电路的功能，将结果记入自拟表格中。验证设计的电路是否符合要求，如有不符，检查并修改、测试电路直至达到要求。

六、实验注意事项

（1）本次实验所用的集成电路均用 +5 V 电源，电源端与参考地端不能接反。

（2）逻辑电平开关只有两种状态，即高电平和低电平。

（3）脉冲方式有两种：连续脉冲和单次脉冲。注意数字实验系统中的脉冲有上升沿和下降沿之分。

（4）测试过程中防止发生表笔、探头等之间的短路，接线换线时先关掉电源。

七、实验总结与思考

（1）整理实验结果，绘制波形图，归纳各类型触发器的逻辑功能。

（2）通过实验说明触发器的 $\overline{R}_D$ 和 $\overline{S}_D$ 的功能，使用时应如何处理这两个功能端？

（3）通过实验，总结各触发器的触发方式。

（4）总结本次实验过程中遇到的问题及解决办法，谈谈自己的感受。

实验二十五 同步时序逻辑电路的设计

一、实验目的

（1）掌握同步时序逻辑电路设计的一般方法和步骤。

（2）进一步掌握 JK 触发器和 D 触发器的逻辑功能及应用。

（3）掌握验证、调试所设计的同步时序逻辑电路的方法。

二、实验原理

时序逻辑电路的任意时刻的输出信号不仅和现时的输入信号有关，而且还与电路原来的状态有关，因此时序逻辑电路具有记忆功能，要用具有记忆的器件——触发器构成。时序逻辑电路设计的任务是根据给定的具体逻辑问题，设计出能实现这一功能的逻辑电路，在设计时序逻辑电路时力求结果简单。设计一个时序逻辑电路时，一般要经过以下步骤：

（1）对实际逻辑问题进行抽象，得出电路的状态转换图或者状态转换表。

（2）对状态进行简化和分配，以得到编码形式的状态转换图，还可使设计出的电路所需的门和触发器最少。

（3）选择触发器的类型。

（4）求出状态方程、驱动方程及输出方程。

（5）画出逻辑电路图。

（6）检查电路的自启动能力，并进行修改。

注意同步时序逻辑电路中时钟脉冲是同时加到各触发器的时钟端，所用的触发器是同一类型的。

三、实验设备及器材

（1）数字双踪示波器；

（2）数字万用表；

（3）数字电子实验系统；

（4）集成电路：74LS00（四—2 输入与非门）、74LS74（双 D 触发器）、74LS112（双 JK 触发器）。

四、实验预习要求

（1）熟悉同步时序逻辑电路设计的一般方法和步骤。

（2）写出设计任务中电路设计的完整过程。

（3）复习所用触发器的功能及其外引线排列。

五、设计任务及要求

（1）用所给的 JK 触发器和适当的门电路设计一个同步递减的七进制计数器，并检查设计的电路能否自启动。

（2）用所给的 D 触发器和适当的门电路设计一个带进位输出端的 BCD 码同步十进制加法计数器。

要求写出设计过程，画出设计的逻辑电路图，按照自己设计的电路图接线，利用数字实验系统进行验证、修改直至达到任务要求。记录相关的实验数据、现象和所测得的波形。

六、实验注意事项

（1）本次实验所用的集成电路均用＋5 V 电源，电源端与参考地端不能接反。

（2）逻辑电平开关只有两种状态，即高电平和低电平。

（3）脉冲方式有两种：连续脉冲和单次脉冲。

（4）测试过程中防止发生表笔、探头等之间的短路，接线换线时先关掉电源。

七、实验总结与思考

（1）完善电路的设计过程，整理实验结果，绘制波形图，对实验结果进行归纳分析。

（2）所设计的时序逻辑电路如果不能自启动，应该如何解决？

（3）总结设计及验证、调试电路所碰到的问题及解决方法。

实验二十六　计数、译码和显示电路

一、实验目的

（1）掌握中规模集成计数器 74LS161 的逻辑功能及使用方法。

（2）掌握七段显示译码器 74LS47 的使用。

（3）掌握七段显示器（共阳极数码管）的使用和检测方法。

（4）掌握用中规模集成计数器组成 N 进制计数器的方法。

二、实验原理

四位同步式可预置数的二进制加法计数器 74LS161 具有同步置数、异步清零、计数、保持（存数）功能。当需要从某基数开始计数时，通过 74LS161 的预置数端 D、C、B、A 在计数之前预先置入某一数作为基数（以 BCD 码置数），则可以在此基数上再累加所输入的脉冲数目。若不需要预置某数值，可通过清零端让计数器复位后从零开始计数。该中规模集成计数器由 CP 上升沿触发，包括两个赋能端 P 和 T、一个进位输出端 Q_{CO}、清零端 $\overline{R}_D$ 和置数控制端 $\overline{LD}$。

译码器是将具有特定含义的数码译成对应的输出信号。数码的码制不同，译码的电路也不同。有二进制译码器、二—十进制译码器及七段显示译码器。七段显示译码器的功能是将输入端的四位二进制代码译成驱动七段数码管显示所需的电平信号，使之显示出十进制数的 0～9。本实验使用 BCD—七段显示译码器 74LS47。

七段数码管的每一段是一个发光二极管，选择不同的字段发光，则显示不同字型的数字。它分共阳极和共阴极两种。本实验所用的是与显示译码器 74LS47 输出电平相适应的共阳极数码管。本数字实验系统中的数码管已经串入限流电阻，可防止发光二极管烧毁。

三、实验设备及器材

(1) 数字电子实验系统；

(2) 数字万用表；

(3) 集成电路：74LS47、74LS161、74LS00、74LS20 各一片；

(4) 七段字型共阳极数码管 BS101。

四、预习要求

(1) 复习计数、译码、显示电路的工作原理。

(2) 熟悉集成电路 74LS47、74LS161 的逻辑功能及使用方法。

(3) 复习用中规模集成计数器构成任意计数器的方法。

(4) 熟悉各集成电路及数码管的外引线排列（见图 6.1.9、图 6.2.2、图 6.5.1、图 6.5.2、图 6.5.3）。

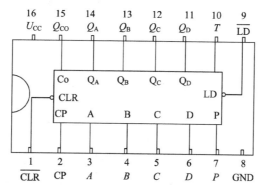

图 6.5.1　74LS161 加法计数器

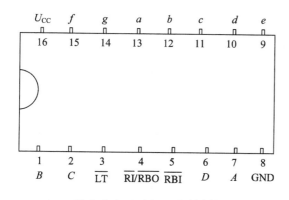

图 6.5.2　74LS47 显示译码

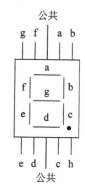

图 6.5.3　数码管

五、实验内容及步骤

1. 测试 74LS161 计数器的功能

按图 6.5.4 接线，其中要预置的二进制数 $DCBA$ 和功能端 P、T、$\overline{CLR}$、$\overline{LD}$ 端分别通过数字实验系统的逻辑电平开关来设置状态，其输出端 $Q_D Q_C Q_B Q_A$ 的状态通过电平指示灯显示。计数脉冲的输入与实验系统的单脉冲相连，通过手动逐个输入单脉冲，按表 6.5.1 的输入状态，逐项进行测试。注意表中的"×"表示任意态，"↑"表示脉冲的上升沿。

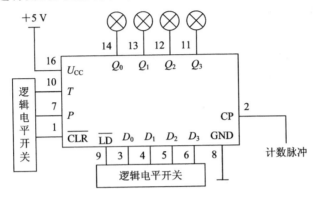

图 6.5.4　74LS161 计数器的功能测试

表 6.5.1　74LS161 计数器功能测试

输　　　入					输　　　出
CP	$\overline{LD}$	$\overline{CLR}$	P	T	$Q_D Q_C Q_B Q_A$
×	×	0	×	×	全零
↑	0	1	×	×	预置数
↑	1	1	1	1	计数
×	1	1	×	×	保持
×	1	1	×	0	保持

让计数器处于计数状态，在其 CP 端改接一定频率的时钟脉冲(可用数字实验系统中的连续脉冲实现)，以 CP 为基准，用数字双踪示波器分别观察 Q_D、Q_C、Q_B、Q_A 四个输出端的波形，记录描绘在坐标纸上。

2. 译码器 74LS47 辅助输入端功能测试

取一片 74LS47 芯片，置于实验箱的芯片座上，给芯片供电，输出端 a、b、c、d、e、f、g 对应接数码管，依照表 6.5.2 下方的功能测试要求分别将其三个辅助输入端通过逻辑电平开关置相应状态，观察并记录相应的测试结果。

(1) 试灯。使 $\overline{LT}$＝0，观察数码管显示字型为_____。该端的功能是检查数码管的各段能否正常发光。

(2) 灭零。让计数器输出为 0000(即将其输入端 D、C、B、A 分别接逻辑电平开关，并使开关置于低电平状态)，数码管显示为"0"字型。再使 $\overline{RBI}$＝0，观察数码管显示变化情况，并用数字万用表的直流电压表测量 $\overline{RBO}$ 端的电压为_____ V。输入一个计数脉冲，使计数器输出为"1"，此时数码管显示的字型为_____，测量 $\overline{RBO}$ 端的电压为_____ V。该端的功能是把不希望显示的零熄灭，即把数值中前后多余的零熄灭。

(3) 熄灭。当 $\overline{RI}/\overline{RBO}$ 作为输入端使用时，使 $\overline{RI}$＝0，观察数码管显示的数字是否消失(即数码管不亮)。该端的功能是控制数码管的工作状态。

将相关的测试结果记入表 6.5.2 中。

表 6.5.2　译码器功能测试及 8421 码二十进制计数译码显示记录

输入脉冲 CP	74LS47 辅助输入端状态			74LS161、8421 码输出端状态				字型显示
	$\overline{LT}$	$\overline{RBI}$	$\overline{RI}/\overline{RBO}$	$Q_D(D)L_4$	$Q_C(C)L_3$	$Q_B(B)L_2$	$Q_A(A)L_1$	
0	1	1	1					
1	1	×	1					
2	1	×	1					
3	1	×	1					
4	1	×	1					
5	1	×	1					
6	1	×	1					
7	1	×	1					
8	1	×	1					
9	1	×	1					
试灯	0	×	1					
灭零	1	0	悬空					
熄灭	×	×	0					

3. 8421 码二—十进制计数译码显示

可利用 74LS161 集成计数器实现所需要的计数功能和时序逻辑功能。方法有两种：一种为反馈清零法，另一种为反馈置数法。

反馈清零法是利用反馈电路产生的一个给集成计数器的复位信号，该复位信号使计数器各输出端为零（即清零）。反馈电路一般是组合逻辑电路，计数器的输出部分或者全部作为其输入信号，在计数器一定的输出状态下即时产生复位信号，使计数电路同步或异步复位。

反馈置数法是将反馈逻辑电路产生的信号送到计数电路的置位端，在满足条件时，计数电路输出状态为预置的二进制码。

以上两种方法有时在时序电路的设计中同时采用。

本实验中 74LS161 为同步预置、异步清零的加计数器，要求采用以上两种方法分别实现 8421 码二—十进制计数译码显示电路。具体操作步骤如下：

（1）将 74LS47 和 74LS161 接上直流电源，即 U_{CC} 接 +5 V，GND 端与实验系统上的 GND 连接。

（2）将计数器 74LS161 的输出端 Q_D、Q_C、Q_B、Q_A 通过合适的组合逻辑电路与译码器 74LS47 的输入端 D、C、B、A 对应相连。

（3）将译码器 74LS47 的输出端 $a \sim g$ 分别与 BS101 中对应的 $a \sim g$ 段对应连接，其三个功能端的状态由数字实验系统上的逻辑电平开关实现。

（4）计数器 74LS161 上的 CP 接实验系统中的单脉冲。

（5）通过拨动逻辑电平开关 $SW_1 \sim SW_4$，使 74LS161 处于计数状态后，依次输入 10 个脉冲，将显示情况记入表 6.5.2 中。

（6）CP 端改接一定频率的时钟脉冲（可用数字实验系统中的连续脉冲实现），以 CP 为基准，用数字双踪示波器分别观察 Q_D、Q_C、Q_B、Q_A 四个输出端的波形，检验波形是否正常，记录并描绘在坐标纸上。

4. 反馈置数法的应用

设计一个从 3 到 9 的七进制计数译码显示电路，画出该电路的逻辑接线图，并验证该电路。用示波器观察 CP 端接 1 kHz 频率的时钟脉冲时 Q_D、Q_C、Q_B、Q_A 四个输出端的波形，检验波形是否正常，记录并描绘在坐标纸上。

六、实验注意事项

（1）本次实验所用的门电路均用 ＋5 V 电源，电源端与参考地端不能接反。

（2）逻辑电平开关只有两种状态，即高电平和低电平。

（3）脉冲方式有两种：连续脉冲和单次脉冲。

（4）几个参考地端为同一点，应接在一起。

（5）测试过程中防止发生表笔、探头等之间的短路。

七、实验总结与思考

（1）根据实验情况，更改预习中的错误，整理实验数据，绘制一个十进制计数译码显示电路图。

（2）说明如何设计一个任意进制计数器。

（3）利用本实验用到的器件设计一个频率为 1 Hz 闪烁的"8"字形电路。

（4）用 2 片集成十进制计数器 74LS161 构成一个六十进制计数器，画出逻辑接线图，并说明其工作原理。

实验二十七　"555"定时器及其应用

一、实验目的

（1）了解"555"集成定时器的内部结构和功能。

（2）熟悉"555"集成定时器的基本使用方法，掌握用定时器构成单稳态电路、多谐振荡器和施密特触发器等相关应用。

（3）掌握定时元件 R、C 与脉冲周期与宽度的关系，学会用示波器对波形进行定量分析，测量波形的周期、脉宽和幅值等。

二、实验原理

"555"集成定时器是一种模拟、数字混合型的中规模集成电路，应用十分广泛。其内部电路框图如图 6.6.1 所示，外部引线排列如图 6.6.2 所示。"555"集成定时器内部含有 C_1 和 C_2 两个电压比较器、一个 RS 触发器、一个放电管 T_D 和由三个 5 kΩ 电阻组成的分压器，其中分压器为 C_1 和 C_2 两个电压比较器分别提供参考电压 $\frac{2}{3}U_{CC}$ 和 $\frac{1}{3}U_{CC}$。"555"集成定时器由外围所接的电阻和电容构成充放电电路，并由电压比较器来检测电容器上的电压，把模拟信号输入转换为数字信号输出，去控制 RS 触发器的状态和放电管的通断。其功能见表 6.6.1。

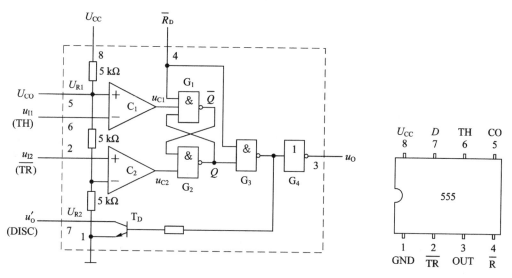

图 6.6.1 "555"集成定时器的内部框图　　　图 6.6.2 "555"集成定时器引脚图

表 6.6.1 555 定时器功能表

输　入			输　出	
$\overline{R}_D$	TH(6 脚)	$\overline{TR}$(2 脚)	u_O(3 脚)	T_D 的状态
0	×	×	0	导通
1	$>\frac{2}{3}U_{CC}$	$>\frac{1}{3}U_{CC}$	0	导通
1	$<\frac{2}{3}U_{CC}$	$>\frac{1}{3}U_{CC}$	保持	保持
1	$<\frac{2}{3}U_{CC}$	$<\frac{1}{3}U_{CC}$	1	截止
1	$>\frac{2}{3}U_{CC}$	$<\frac{1}{3}U_{CC}$	1	截止

三、实验设备及器材

（1）数字电子实验系统；

（2）数字双踪示波器；

（3）数字万用表；

（4）函数信号发生器；

（5）集成电路定时器 NE555 一片，电阻、电容若干。

四、实验预习要求

（1）熟悉"555"集成定时器的工作原理及外引线排列。

（2）掌握充放电时间、振荡周期和占空比系数与外接元件值的关系式。

（3）根据实验要求计算相关电路中用到的参数 R 及 C 的值。

五、实验内容及步骤

（1）用"555"定时器组成多谐振荡器，按图 6.6.3 所示接线，根据实验室能提供的电阻和电容的值，自行计算并选择合适的 R、C 的组合值，使"555"构成的振荡器的频率如下：

① 1 Hz（建议用容量为 10 μF 的电解电容）。

本实验是固定频率，R_2 和 R_P 的串联阻值 R_2' 用预习计算好的电阻接入，注意设计时占空比接近 0.5，输出情况用数字实验系统上的电平指示灯观察。记录实际使用的电路参数。

② 1～6 kHz，可调范围为 1 kHz（建议用容量为 0.01 μF 的电容）。

根据预习设计的 R 和 C 的值接好电路，R_P 为 100 kΩ 多圈可调电位器，通过调节 R_P 的值获得满足要求的两个频率，测出这两个频率点对应的各参数的值，自拟表格记录相关的频率、电阻及电容的数据。用数字双踪示波器同时观察 U_O 和定时元件 C_1 两端的电压波形，并记录之。

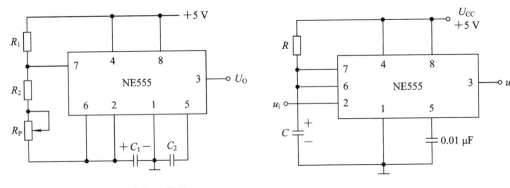

图 6.6.3　多谐振荡器　　　　图 6.6.4　单稳态电路

（2）用"555"定时器组成单稳态电路，按图 6.6.4 所示接线。实现定时时间为 5 s 的单稳态电路，记录所用的实际电路参数值。单稳态电路的输入端信号可从函数信号发生器输出一个矩形波（注意：该矩形波的脉宽必须小于暂稳态持续时间，才能保证暂稳态的时间恒定），也可手动输入负脉冲，用数字双踪示波器同时观察输入、输出端的波形。

（3）用"555"定时器构成施密特触发器（自己设计电路），改变 R 值，分别测量对应的 U_I 和 U_O 值，绘出施密特触发器的电压传输特性，指出 U_{T+} 和 U_{T-} 值。说明该电路是如何实现整形的。

六、实验注意事项

（1）本次实验所用的门电路均用＋5 V 电源，电源端与参考地端不能接反。

（2）"555"集成定时器的 4 脚为控制端，接高电位即＋U_{CC}。

（3）测试过程中注意各仪器之间的共地连接，防止发生表笔、探头等之间的短路。

（4）使用数字双踪示波器观察波形时注意其耦合方式的选择。

七、实验总结与思考

（1）根据实验结果，调整预定的元件参数，使之满足要求，整理记录的数据，画出最后满足要求的电路图并标好相应的元件参数值，绘制相应的波形图。

（2）用"555"构成的振荡器实验中，根据公式 $f = 1.433/(R_1 + 2R_2 + 2R_p)C$，计算振荡频率并与实验值相比较。

（3）通过对比计算的理论值和实测值，分析误差的来源。

（4）总结单稳态电路、多谐振荡器和施密特触发器的功能及各自特点。

（5）用 555 定时器及电阻、电容、开关、电动扬声器等器件设计一个智力竞赛抢答的定时音响器。要求抢答时间可预先调定；抢答时间到而无人抢答时扬声器发声，发声时间的长短和音调的高低都可调整；抢答时间未到时有人抢答则音响不发声。

实验二十八　十字路口交通灯控制电路的设计

一、实验目的

（1）掌握用 JK 触发器设计同步计数器的方法。

（2）熟悉用同步时序电路设计交通灯控制电路的方法。

（3）熟悉 Quartus Ⅱ 软件的操作方法。

二、实验设备及器材

（1）安装有 Quartus Ⅱ 软件的电脑 1 台；

（2）CPLD 数字电路实验板及下载线各 1 个。

三、设计任务

在一个十字路口的南北方向设置有红灯（A1）、黄灯（A2）和绿灯（A3），东西方向设置有红灯（B1）、黄灯（B2）和绿灯（B3）。按交通规则，红灯停，绿灯行，黄灯提醒。

如图 6.7.1 所示为交通灯切换顺序图，可以看到，红灯时间是另一方向的绿灯、黄灯时间之和。

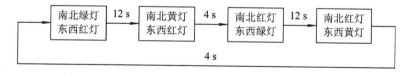

图 6.7.1　交通灯切换顺序图

四、设计方案提示

交通灯控制系统框图如图 6.7.2 所示。

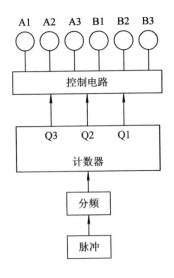

图 6.7.2　交通灯控制系统框图

1. 脉冲和分频器

因十字路口每个方向绿、黄、红灯所亮的时间分别为 12 s、4 s、16 s，比例分别为 3：1：4，所以选 4 s 为一单位时间，则计数器每 4 s 秒输出一个脉冲。CPLD 实验板上有 1 kHz 的时钟脉冲信号，经 1000 分频可得 1 Hz 的脉冲信号，再经 4 分频可得 0.25 Hz 的信号，用此信号作为计数器的输入时钟信号，4 分频电路可用两个 D 触发器实现。

2. 计数器

可用 3 个 JK 触发器设计 1 个三位二进制同步计数器。

3. 控制电路

计数器的输出信号 Q3、Q2、Q1 与信号灯的关系如表 6.7.1 所示(其中信号灯"1"表示灯亮，"0"表示灯灭)。据此可列出控制电路的输出逻辑表达式，然后化简，用门电路实现。

表 6.7.1　交通灯状态表

时钟脉冲	计数器状态			南北方向信号灯			东西方向信号灯		
CLK	Q3	Q2	Q1	A1(红)	A2(黄)	A3(绿)	B1(红)	B2(黄)	B3(绿)
0	0	0	0	0	0	1	1	0	0
1	0	0	1	0	0	1	1	0	0
2	0	1	0	0	0	1	1	0	0
3	0	1	1	0	1	0	1	0	0
4	1	0	0	1	0	0	0	0	1
5	1	0	1	1	0	0	0	0	1
6	1	1	0	1	0	0	0	0	1
7	1	1	1	1	0	0	0	1	0

五、实验报告要求

（1）画出完整的实验原理图和实验接线图，并说明设计的过程。

（2）描绘出仿真波形。画出千分频的输出（1 Hz 方波信号）、Q1、Q2、Q3 与各信号的波形，并分析它们的关系。

（3）为了使司机及行人对交通灯"心中有数"，试设计黄色信号灯亮时间的倒计时功能并显示。

第七章 电子技术课程设计

7.1 电子技术课程设计的基本方法和步骤

由于电子电路种类繁多，使得电路的设计过程和步骤也不完全相同。一般来说，对于简单的电子电路装置的设计步骤大体包括：分析设计任务和性能指标，从选择设计方案开始选定总体方案与框图；分析单元电路的功能；选择合适的器件，进行参数计算，画出设计电路图；进行仿真试验和性能测试，通过安装、调试，直至实现任务要求的全部功能。对电路要求布局合理，走线清晰，工作可靠，经验收合格后，写出完整的课程设计报告。实际设计过程中往往需要反复进行以上各步骤，才能达到设计要求。

一、明确电子系统的设计任务

对系统的设计任务进行具体分析，充分了解系统的性能、指标及要求，明确系统应完成的任务。

二、选定总体方案与框图

根据设计任务、指标要求和给定的条件，查阅文献，完成方案原理的构想，分析所要设计的电路应该完成的功能，并将总体功能分解成若干单项的功能，并画出整机原理框图，完成系统的功能设计。设计过程中，往往有多种方案可以选择，应针对任务要求，权衡各方案的优缺点，从中选优。

设计框图常用方块图的形式表示出来。注意每个方块尽可能是完成某一种功能的单元电路，尤其是关键的功能块的作用与功能一定要表达清楚。还要表示出它们各自的作用和相互之间的关系，注明信息的走向和制约关系。如图 7.1.1 所示为信号流程图。

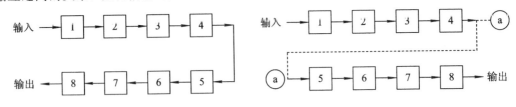

图 7.1.1 信号流程图

绘制总体电路图的要求如下：

（1）图纸布置合理，信号流向清晰。

（2）图形符号规范标准，管脚标注清晰，便于看懂原理；电子元件的文字符号、型号、数值标在旁边，集成电路的文字符号、型号标在图形符号内或者旁边。

（3）连线清晰，横平竖直，交叉相连用实心黑点标注，公共电源线、地线、时钟线可用规定的符号标注，如电源$+U_{CC}$、$+5$ V、时钟 CP 等。

三、分析单元电路的功能

总体方案的每个方块往往是由一个主要单元电路组成的，每个单元电路设计前都需要明确本单元电路的任务，详细拟订出各单元电路的性能指标及前后级单元电路之间的关系，分析电路的组成形式。

基本模拟单元电路有：稳压电源电路、信号放大电路、信号产生电路、信号处理电路（电压比较器、积分电路、微分电路、滤波电路等）、集成功放电路等。

基本数字单元电路有：脉冲波形产生与整形电路（包括振荡器、单稳态触发器、施密特触发器）、编码器、译码器、数据选择器、数据比较器、计数器、寄存器、存储器等。

具体设计时，可以模拟成熟的先进电路，也可以进行创新和改进，但都必须保证性能要求。各单元电路之间要注意在外部条件、元器件使用、连接关系等方面的相互配合，尽可能减少元件的类型、电子转换和接口电路，注意各部分的输入信号、输出信号和控制信号的关系以保证电路简单、工作可靠、经济实用。各单元电路拟订之后，应全面地检查一遍，看每个单元各自的功能能否实现，信息是否畅通，总体功能是否满足要求。如果存在问题，还要针对问题作局部调整。单元电路设计应采用符合标准的电平。

四、参数计算与器件选择

单元电路设计过程中，阻容元件的选择很关键。它们的种类繁多，性能各异。不同的电路对电阻和电容性能要求也不同，有些电路对电容的漏电要求很严，还有些电路对电阻、电容的性能和容量要求很高。例如，滤波电路中常用大容量（$100\sim3000$ μF）铝电解电容，为滤掉高频通常还需并联小容量（$0.01\sim0.1$ μF）瓷片电容。元器件的极限参数必须留有足够的裕量，一般应大于额定值的 1.5 倍，电阻和电容的参数应选择计算值附近的标称值。

分立元件包括二极管、晶体三极管、场效应管、光电二极管、晶闸管等。根据其用途分别进行选择。选择的器件类型不同，注意事项也不同。例如，选择晶体三极管时，首先注意是选择 NPN 型还是 PNP 型管，是高频管还是低频管，是大功率管还是小功率管，并注意管子的参数 P_{CM}、I_{CM}、BV_{CEO}、BV_{EBO}、I_{CBO}、β、f_T 和 f_β 是否满足电路设计指标的要求，高频工作时，要求 $f_T=(5\sim10)f$，f 为工作频率。

集成电路可以实现很多单元电路甚至整机电路的功能，所以选用集成电路设计单元电路和总体电路既方便又灵活，它不仅使系统体积缩小，而且性能可靠，便于调试及运用，在设计电路时颇受欢迎。选用的集成电路不仅要在功能和特性上实现设计方案，而且要满足功耗、电压、速度、价格等方面的要求。

在搭建单元电路时，数字电路的设计对于特定功能单元选择主要集成块的余地较小。比如时钟电路选 555，转换电路选 0809，译码及显示驱动电路也都相对固定。但由于电路参数要求不同，还需要通过选择参数来确定集成块型号、普通的门电路、时序逻辑电路、组合逻辑电路、脉冲产生电路、数/模和模/数转换电路、采样和存储电路等，参数选择恰当可以发挥其性能并节约设计成本。

经常会出现这种情况，在花费了许多工夫之后仍然选不到合适的电路，或者性能指标达不到要求，或者电路太复杂实现十分困难。这就需要对总体方案作修正或改进，调整某些功能方块的分工和指标要求。

五、电路的模拟与仿真

器件选择、电路设计完成后，应用电路通用分析软件对电路进行模拟和仿真，对设计的电路进行直流分析、动态分析、瞬态分析和最坏情况分析，通过分析，修改参数，使电路设计优化。好的设计标准包括：工作稳定可靠；能达到预定的性能指标，并留有适当的裕量；电路简单，成本低，功耗低；器件数目少，集成体积小，便于制造。调试通过后画出预设计的总体电路图。总体电路图应当包括总体电路原理图和实际元器件的接线图，应按元器件国标或部标的规定以及电路图的规范画出。图中要注意信号输入和输出的流向，通常信号流向是从左至右或从上至下，各单元电路也应尽可能按此规律排列，同时要注意布局合理。连接线尽量为直线，交叉和折弯尽可能少。相互连通的交叉线，应在交叉处用圆点表示。

六、安装与调试

通常采用边安装边调试的方法。把总体电路按功能分成若干单元电路分别进行安装和调试；在完成单元电路调试的基础上，由前至后逐级调试，扩大调试成果，直至最终完成整机调试。

1. 调试步骤

1) 通电前查

电路安装完毕，首先直观查看电路各部分接线是否正确，检查电源、地线、信号线、元器件引脚之间有无短路，器件有无接错。用万用表电阻挡检查焊接和接插是否良好；元器件引脚之间有无短路，连接处有无接触不良，二极管、三极管、集成电路和电解电容的极性是否正确；电源供电包括极性、信号源连线是否正确；电源端对地是否存在短路。

2) 静态检测

断开信号源，把经过准确测量的电源接入电路，用万用表电压挡监测电源电压，观察有无异常现象，如冒烟、异常气味、手摸元器件发烫、电源短路等。如果发现异常情况，应立即切断电源，排除故障；如果无异常情况，则分别测量各关键点直流电压，如静态工作点、数字电路各输入端和输出端的高、低电平值及逻辑关系、放大电路输入、输出端直流电压等是否在正常工作状态下，如不符，则调整电路元器件参数、更换元器件等，使电路最终工作在合适的工作状态；对于放大电路还要用示波器观察是否有自激发生。

3) 动态检测

动态调试是在静态调试的基础上进行的，调试的方法是在电路的输入端加上所需的信号源，并循着信号的走向逐级检测各有关点的波形、参数和性能指标是否满足设计要求，如必要，要对电路参数作进一步调整。若发现问题，要设法找出原因，排除故障，继续进行。

2. 常见故障与排查

对于新设计组装的电路来说，常见的故障原因一般是：连线发生短路和开路，焊点虚焊，接插件接触不良，可变电阻器等接触不良，元件损坏或管脚错误，相互干扰，电路设计不当等。

检查故障的一般方法有：直接观察法、静态检查法、信号寻迹法、对比法、部件替换法、旁路法、短路法、断路法、暴露法等。

（1）信号寻迹法。寻找电路故障时，一般可以按信号的流程逐级进行。从电路的输入端加入适当的信号，用示波器或电压表等仪器逐级检查信号在电路内各部分传输的情况，根据电路的工作原理分析电路的功能是否正常，如果有问题，应及时处理。调试电路时也可从输出级向输入级倒推进行，信号从最后一级电路的输入端加入，观察输出端是否正常，然后逐级将适当信号加入前面一级电路输入端，继续进行检查。

（2）对比法。将存在问题的电路参数与工作状态和相同的正常电路中的参数（或理论分析和仿真分析的电流、电压、波形等参数）进行比对，判断故障点，找出原因。

（3）替代法。用已调试好的单元电路代替有故障或有疑问的相同的单元电路（注意共地），这样可以很快判断故障部位。有时元器件的故障不很明显，如电容器漏电、电阻变质、晶体管和集电路性能下降等，这时用相同规格的优质元器件逐一替代实验，就可以具体地判断故障点。

（4）分割测试法。对于一些有反馈的环形电路，如振荡器、稳压器等电路，它们各级的工作情况互相有牵连，这时可采取分割环路的方法，将反馈环去掉，然后逐级检查，可更快地查出故障部分。对自激振荡现象也可以用此法检查。

（5）加速暴露法。有时故障不明显，或时有时无，或要较长时间才能出现，可采用加速暴露法，如敲击元件或电路板检查接触不良、虚焊等，用加热的方法检查热稳定性，等等。

七、课程设计报告要求

课程设计报告应包括以下内容：
（1）对设计课题进行简要阐述。
（2）电路工作原理分析、方案论证和确定（包含总体原理框图）。
（3）单元电路设计、参数计算及器件选择。
（4）电路仿真及仿真结果分析。
（5）总机电路图（包括设计和调试中出现的问题及其解决方法。电路图应用标准逻辑符号描绘，电路图中应标明接线引出端的名称、元件编号等）。
（6）电路安装与调试步骤。
（7）调试结果记录。
（8）器件清单。
（9）参考文献。
（10）总结与体会。
课程设计报告应内容完整、字迹工整、图表整齐、数据详实。

7.2 电路板的布线、焊接技巧及注意事项

7.2.1 电路板设计

1. PCB 选择和布局

PCB 板应大小适中，最好为矩形，长宽比为 4∶3 或 3∶2。PCB 过大，印制线条长，抗

噪能力低；PCB 过小，散热不好。放置器件时要考虑以后的焊接，不要太密集。以每个功能电路的核心元件为中心，围绕它来进行布局。元器件应均匀、整齐、紧凑地排列在 PCB 上，尽量减少和缩短各元器件之间的引线和连接，去耦电容尽量靠近器件的 VCC。

所有 IC(集成电路)的插入方向一般应保持一致，去除元件管脚上的氧化层，根据电路图确定器件的位置，并按信号的流向依次将元器件顺序连接。

在印制板的各个关键部位配置适当的去耦电容。易受干扰的元器件不能相互挨得太近，输入和输出元件应尽量远离。某些元器件或导线之间可能有较高的电位差，应加大它们之间的距离，以免放电引出意外短路。带高电压的元器件应尽量布置在调试时手不易触及的地方。

2. 导线的选用和设计

导线直径应与过孔(或插孔)相当，过大过细均不好；为检查电路方便，要根据不同用途，选择不同颜色的导线，一般习惯是正电源用红线，负电源用蓝线，地线用黑线，信号线用其他颜色的线；连接用的导线要求紧贴板上，焊接或接触良好，连接线不允许跨越 IC 或其他器件，尽量做到横平竖直，便于查线和更换器件，但高频电路部分的连线应尽量短；电路之间要有公共地。电容引线不能太长，尤其是高频旁路电容不能有引线。

分立元件连接为印制导线宽度在 1.5 mm 左右，集成电路印制导线宽度在 $0.2\sim1.0$ mm。设计布线图时走线尽量少拐弯，印刷导线弧上的线宽不要突变，导线拐角应大于等于 $90°$，力求线条简单明了。尽可能缩短高频元器件之间的连线，设法减少它们的分布参数和相互间的电磁干扰。

3. 去耦电容的设计配置原则

好的高频去耦电容可以去除高到 1 GHz 的高频成分。陶瓷片电容或多层陶瓷电容的高频特性较好。设计印制线路板时，每个集成电路的电源与地之间都要加一个去耦电容，电源输入端跨接 $10\sim100~\mu F$ 的电解电容器。如有可能，接 $100~\mu F$ 以上的更好。数字电路中典型的去耦电容为 $0.1~\mu F$，这种去耦电容一般带有 5 nH 的分布电感，它的并行共振频率大约为 7 MHz，也就是说对于 10 MHz 以下的噪声有较好的去耦作用，对 40 MHz 以上的噪声几乎不起作用。

原则上每个集成电路芯片都应布置一个 0.01 pF 的瓷片电容，如遇印制板空隙不够，可每 4 -8 个芯片布置一个 $1\sim10$ pF 的电容。

对于抗噪能力弱、关断时电源变化大的器件，如 RAM、ROM 存储器件，应在芯片的电源线和地线之间直接接入去耦电容。

去耦电容值的选取并不严格，可按 $C=1/f$ 计算，即 10 MHz 取 0.1 μF，对微控制器构成的系统，取 $0.1\sim0.01~\mu F$ 都可以。

4. 地线、电源线的使用注意事项

根据印制线路板电流的大小，尽量加粗电源线宽度，减少环路电阻。同时，使电源线、地线的走向和数据传递的方向一致，这样有助于增强抗噪声能力。

地线尽量宽，高频电路中可采用大面积覆盖的接地方式，但要防止各接地元件形成本级的共阻抗干扰。对各级元件布设尽量以本级的晶体管、集成块为中心，元件按级集中布局，并在本级元件的中心部位设立接地区域。如有可能，接地线应在 2～3 mm 以上。通常信号线宽为 0.2～0.3 mm，最细宽度可达 0.05～0.07 mm，电源线为 1.2～2.5 mm，地线＞电源线＞信号线。

数字电路的频率高，模拟电路的敏感度强，对信号线来说，高频的信号线尽可能远离敏感的模拟电路器件，对地线来说，整个 PCB 对外界只有一个接点，所以必须在 PCB 内部处理数、模共地的问题。而在板内部数字地和模拟地实际上是分开的，它们之间互不相连，只是在 PCB 与外界连接的接口处（如插头等），数字地与模拟地有一点短接（注意只有一个连接点）。也有在 PCB 上不共地的，这由系统设计来决定。

地线一般不接成环形，环形地线相当于一个单匝线圈，会接收空间交变磁场而产生电磁干扰，同时若地线内流过高频大电流，它又相当于一个环形天线，向周围空间产生辐射干扰。在设计只用数字电路的电路板时，可以把地线接成闭环路，这样可明显提高抗噪声能力。

输入端与输出端的边线应避免相邻平行，以免产生反射干扰。必要时应加地线隔离，两相邻层的布线要互相垂直，平行容易产生寄生耦合。CMOS 的输入阻抗很高，且易受感应，因此在使用时对不用端要接地或接正电源。

在电路的输入、输出端和其测试端应预留测试空间和接线柱，以方便测量调试。

5. 手工安装元件

安装元件时应注意与印制线路板上的印刷符号一一对应，不能错位；在没有特别指明的情况下，元件必须从线路板正面装入（有丝印的元件面），在线路板的另一面将元件焊接在焊盘上；有极性的元件和器件要注意安装方向。

电阻立式安装时，将电阻本体紧靠线路板，引线上弯半径小于等于 1 mm，引线不要过高，表示第一位有效数字的色环朝上。卧式安装时，电阻离开线路板 1 mm 左右，引线折弯时不要折直弯。

图 7.2.1 所示为元件安装示意图。

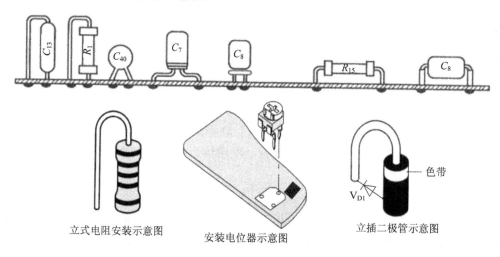

立式电阻安装示意图　　　安装电位器示意图　　　立插二极管示意图

图 7.2.1　元件安装示意图

7.2.2 电路焊接

1. 焊接原理

目前电子元件焊接主要采用锡焊技术。这种技术采用以锡为主的合金材料，在一定的温度下熔化焊接。金属原子与锡互相吸引、扩散、渗透，形成浸润的结合层。同时通过凹凸间隙的锡表面扩散，利用毛细管的吸力与印制板紧密结合在一起，具有良好的导电性。

要形成扩散，必须满足以下几个条件：两金属表面能充分接触，中间没有杂质隔离（例如氧化膜、油污等），温度足够高，时间足够长。

在冷却的过程中，两个焊手的位置必须相对固定。在凝固的瞬间不能有任何外力造成的位移产生，一边熔融的金属在凝固时有机会重新生成其特定的晶相结构，使得焊接部位保持应有的机械强度。对黄铜等表面易于生成氧化膜的材料，可以借助于助焊剂，先对焊件表面进行镀锡浸润后，再行焊接；要有适当的加热温度，使焊锡料具有一定的流动性，才可以达到焊牢的目的，但温度也不可过高，过高时容易形成氧化膜而影响焊接质量。

2. 焊接工具的使用

手工焊接的主要工具是电烙铁。电烙铁的种类很多，有直热式、感应式、储能式及调温式等多种，电功率有 15 W、20 W、35 W、…、300 W 多种，主要根据焊件大小来决定。焊接集成电路、晶体管及其他受热易损件的元器件时，可考虑选用 20 W 内热式或 25 W 外热式电烙铁。焊接较粗导线及同轴电缆时，可考虑选用 50 W 内热式或 45～75 W 外热式电烙铁。焊接较大元器件如金属底盘接地焊片时，应选 100 W 以上的电烙铁。

烙铁头有直头和弯头两种，根据所焊元件种类可以选择适当形状的烙铁头。焊小焊点可以采用圆锥形的，焊较大焊点可以采用凿形或圆柱形的。当采用握笔法时，直烙铁头的电烙铁使用起来比较灵活，适合在元器件较多的电路中进行焊接。弯烙铁头的电烙铁用在正握法比较合适，多用于线路板垂直桌面情况下的焊接。

新烙铁在使用前先给烙铁头镀上一层焊锡。用万用表检查电源插头之间的电阻值大小，通过电阻值来确定电烙铁是否有短路、开路等情况。一般 35 W 电烙铁的正常阻值在 1.4 kΩ 左右。

焊接集成电路与晶体管时，烙铁头的温度不能太高，且时间不能过长，此时可将烙铁头插在烙铁芯上的长度进行适当的调整，进而控制烙铁头的温度。

电烙铁不易长时间通电而不使用，因为这样容易使电烙铁芯加速氧化而烧断，同时会使烙铁头因长时间加热而氧化，甚至被烧"死"不再"吃锡"。

焊接过程中，烙铁不能到处乱放。不焊时，应将烙铁放在烙铁架上。注意电源线不可搭在烙铁头上，以防烫坏绝缘层而发生事故。使用结束后，应及时切断电源，拔下电源插头。冷却后，再将电烙铁收回工具箱。

3. 焊接步骤

（1）插入。将插件元件插入电路板标示位置的孔中，与电路板紧贴至无缝为止。如未与电路板贴紧，在重复焊接时焊盘高温易使焊盘损伤或脱落，物流过程中也可导致焊盘损伤或脱落。

（2）预热。烙铁与元件引脚、焊盘接触，同时预热焊盘与元件引脚，而不是仅仅预热元件，此过程约需 1 s。

（3）加焊锡。焊锡加焊盘上（而不是仅仅加在元件引脚上），待焊盘温度上升到使焊锡丝熔化的温度时，焊锡就自动熔化。不能将焊锡直接加在烙铁上使其熔化，这样会造成冷焊。

（4）焊后加热。拿开焊锡丝后，不要立即拿走烙铁，继续加热使焊锡完成润湿和扩散两个过程，直到使焊点最明亮时再拿开烙铁，不应有毛刺和空隙。

（5）冷却。在冷却过程中不要移动插件元件。用镊子转动引线，确认不松动，然后可用偏口钳剪去多余的引线。

焊接电路板时，一定要控制好时间。如果时间太长，电路板将被烧焦，或造成铜箔脱落。从电路板上拆卸元件时，可将电烙铁头贴在焊点上，待焊点上的锡熔化后拔出。

焊接方法如表 7.1.1 所示，其中列出了一些正确的焊接方法和不良的焊接方法。

表 7.1.1　焊接方法

正确的焊接方法		不良的焊接方法	
将电烙铁靠在元件脚和焊盘的结合部，使引线和焊盘都充分加热 注：所有元件从元件面插入，从焊接面焊接		加热温度不够：焊锡不向被焊金属扩散生成金属合金	
若烙铁头上带有少量焊料，可使烙铁头的热量较快传到焊点上。将焊接点加热到一定的温度后，用焊锡丝触到焊接件处，熔化适量的焊料；焊锡丝应从烙铁头的对称侧加入		焊锡量不够：造成焊点不完整，焊接不牢固	
当焊锡丝适量熔化后迅速移开焊锡丝；当焊接点上的焊料流散接近饱满，助焊剂尚未完全挥发，也就是焊接点上的温度适当、焊锡最光亮、流动性最强的时刻，应迅速移开电烙铁		焊接过量：容易将不应连接的端点短接	
焊锡冷却后，剪掉多余的焊脚，就得到了一个理想的焊接了		焊锡桥接：焊锡流到相邻通路，造成线路短路。此时只需用烙铁通过桥接部位即可	

4. 焊接的质量检验

对焊点的质量要求,应该包括电气接触良好、机械结合牢固和美观三个方面。好的焊接应是锡点光亮,圆滑而无毛刺,锡量适中;锡和被焊物融合牢固,不应有虚焊和假焊。焊接不良的现象有:黏附力不够,存在锡尖、锡珠和假焊。虚焊是焊点处只有少量锡焊住,造成接触不良,时通时断。假焊是指表面上好像焊住了,但实际上并没有焊上,有时用手一拔,引线就可以从焊点中拔出。这两种情况会给电子制作的调试和检修带来极大的困难。只有经过大量的、认真的焊接实践,才能避免出现这两种情况。

7.3 常用面包板的使用

面包板是专为电子电路的无焊接实验设计制造的。由于各种电子元器件可根据需要随意插入或拔出,免去了焊接,节省了电路的组装时间,而且元件可以重复使用,所以非常适合电子电路的组装、调试和训练。

7.3.1 常用面包板的结构

面包板的外观如图 7.3.1 所示,常见的最小单元面包板分上、中、下三部分,上面和下面部分一般是由一行或两行的插孔构成的窄条,中间部分是由中间一条隔离凹槽和上下各 5 行的插孔构成的宽条。窄条和宽条的内部结构分别如图 7.3.2、图 7.3.3 所示。

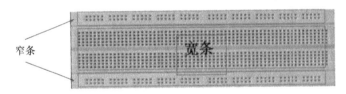

图 7.3.1　面包板的外观

图 7.3.2　窄条的内部结构

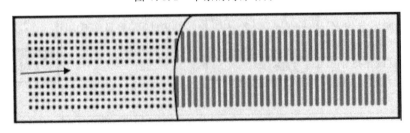

图 7.3.3　宽条的内部结构

窄条上下两行之间电气不连通。每 5 个插孔为一组(通常称为"孤岛"),通常的面包板上有 10 组。这 10 组"孤岛"一般有以下三种内部连通结构:

(1) 左边 5 组内部电气连通,右边 5 组内部电气连通,但左右两边之间不连通,这种结构通常称为 5—5 结构。

（2）左边 3 组内部电气连通，中间 4 组内部电气连通，右边 3 组内部电气连通，但左边 3 组、中间 4 组以及右边 3 组之间是不连通的，这种结构通常称为 3－4－3 结构。

（3）10 组"孤岛"都连通，这种结构最简单。

中间部分宽条是由中间一条隔离凹槽和上下各 5 行的插孔构成的。在同一列中的 5 个插孔是互相连通的，列和列之间以及凹槽上下部分则是不连通的。

7.3.2 面包板使用注意事项

插入面包板上的孔内引脚或导线铜芯直径为 0.4～0.6 mm，即比大头针的直径略微细一点。元器件引脚或导线头要沿面包板的板面垂直方向插入方孔，应能感觉到有轻微、均匀的摩擦阻力，在面包板倒置时，元器件应能被簧片夹住而不脱落。要保持面包板清洁，焊接过的元器件不要插在面包板上。

（1）安装分立元件时，应便于看到其极性和标志，将元件引脚理直后，在需要的地方折弯。为了防止裸露的引线短路，必须使用带套管的导线，一般不剪断元件引脚，以便于重复使用。

（2）对多次使用过的集成电路的引脚，必须修理整齐，引脚不能弯曲，所有的引脚应稍向外偏，这样能使引角与插孔可靠接触。要根据电路图确定元器件在面包板上的排列方式，目的是走线方便。为了能够正确布线并便于查线，所有集成电路的插入方向要保持一致，不能为了临时走线方便或缩短导线长度而把集成电路倒插。

（3）根据信号流程的顺序，采用边安装边调试的方法。元器件安装之后，先连接电源线和地线。为了查线方便，连线尽量采用不同颜色。例如，正电源一般采用红色绝缘皮导线。

7.3.3 布线

布线用的工具主要有剥线钳、斜口钳、尖嘴钳和镊子。斜口钳与尖嘴钳配合用来剪断导线和元器件的多余引脚。钳子刃面要锋利，将钳口合上，对着光检查时应合缝不漏光。剥线钳来剥离导线绝缘皮。尖嘴钳用来弯直和理直导线，斜口要略带弧形，以免在勾绕时划伤导线。镊子是用来夹住导线或元器件的引脚送入面包板指定位置的。在面包板上完成电路搭接，不同的人有不同的风格。但是，无论什么风格、习惯，要完成的电路搭接都必须注意以下几个基本原则：

（1）连接点越少越好。每增加一个连接点，实际上就人为地增加了故障概率。面包板孔内不通、导线松动、导线内部断裂等都是常见故障。

（2）尽量避免出现"立交桥"。所谓"立交桥"就是元器件或导线骑跨在别的元器件或导线上。初学者最容易犯这样的错误。这样，一方面会给后期更换元器件带来麻烦，另一方面，在出现故障时，零乱的导线很容易使人失去信心。

（3）尽量牢靠。有两种现象需要注意：第一，集成电路很容易松动，因此对于运放等集成电路，需要用力下压，一旦不牢靠，就需要更换位置；第二，有些元器件管脚太细，要注意轻轻拨动一下，如果发现不牢靠，则需要更换位置。

（4）方便测试。5 孔孤岛一般不要占满，至少留出一个孔，用于测试。

（5）布局尽量紧凑。信号流向尽量合理。

（6）布局尽量与原理图近似。这样有助于在查找故障时尽快找到元器件位置。

（7）电源区使用尽量清晰。在搭接电路之前，首先将电源区划分成正电源、地、负电源三个区域，并用导线完成连接。

7.4 电子技术课程设计题目

7.4.1 课程设计要求

（1）一个题目允许两个人选择，共同完成电子作品，但课程设计报告必须各自独立完成。

（2）根据设计指标选择电路形式，画出原理电路。

（3）完成全电路理论设计，设计好的电子作品必须仿真，仿真通过后，经指导老师检查通过后再进行制作。

（4）安装调试、测试。

（5）撰写设计报告、调试总结报告。

7.4.2 电子技术设计题目

题目 1：设计并制作一个直流稳压电源。

设计任务和要求：

（1）输出电压 U_O 在 7～9 V 连续可调。

（2）最大输出电流 $I_{OM}=500$ mA。

（3）电压调整率≤0.1%（输入～220 V，变化±10%，满载）。

（4）负载调整率≤1%（输入电压～220 V，空载到满载）。

（5）波纹抑制比≥35 dB（输入～220 V，满载）。

（6）有过流保护环节，在负载电流为 600 mA 时实施动作。

题目 2：设计一 OCL 音频功率放大器。

设计任务和要求：

（1）输入信号为 $u_i=10$ mV，频率 $f=1$ kHz。

（2）额定输出功率 $P_O\geq2$ W。

（3）负载阻抗 $R_L=8$ Ω。

（4）失真度 $\gamma\leq3\%$。

题目 3：函数信号发生器设计。

设计任务和要求：

（1）输出波形：正弦波、方波、三角波等。

（2）频率范围：1～10 Hz，10～100 Hz。

（3）输出电压：方波 $U_{pp}=24$ V，三角波 $U_{pp}=6$ V，正弦波 $U>1$ V。

（4）波形特征：方波 $t_r<10$ s（1 kHz，最大输出时），三角波失真系数 THD<2%，正弦波失真系数 THD<5%。

题目 4：小功率开关电源的设计。

设计任务和要求：

（1）输入交流电压 220 V（50～60 Hz）。

（2）输出直流电压 5 V，输出电流 500 mA。

（3）输入交流电压在 100～260 V 变化时，输出电压相对变化量小于 2%。

（4）输出电阻 $R_O <$ 0.1 Ω。

（5）输出最大纹波电压小于 10 mV。

题目 5：音乐彩灯控制器。

设计任务和要求：音乐信号分为三个频段，分别控制红、黄、蓝三种颜色的彩灯。

（1）高频段：2000～4000 Hz，控制蓝灯。

（2）中频段：500～1200 Hz，控制黄灯。

（3）低频段：50～250 Hz，控制红灯。

（4）每组彩灯的亮度随各路输入信号的大小分八个等级。输入信号最大时，彩灯最亮。

（5）输入音乐信号大于 10 mV，当输入音乐信号幅度小于 10 mA 时，要求彩灯全亮。

题目 6：简易电子琴。

设计任务和要求：

（1）产生 e 调 8 个音阶的振荡频率，分别由 1、2、3、4、5、6、7、0 号数字键控制。

（2）频率分别为：1—261.6、2—293.6、3—329.6、4—349.2、5—392.0、6—440.0、7—439.9、0—523。

（3）利用集成功放放大该信号，驱动扬声器。

（4）设计一声调调节电路，改变生成声音的频率。

题目 7：多功能信号发生器设计。

设计任务和要求：设计一个能产生正弦波、方波、三角波及单脉冲信号发生器，要求如下：

（1）输出频率，20 Hz～5 kHz 连续可调的正弦波、方波和三角波。

（2）输出幅度为 5V 的单脉冲信号。

（3）输出正弦波幅度可调，波形的非线性失真系数≤5%。

（4）输出三角波幅度可调。

（5）输出方波幅度可在 0～12 V 可调。

（6）具有单脉冲输出功能。

题目 8：多功能数字钟设计。

设计任务和要求：设计一个具有"时"、"分"、"秒"显示的数字钟，具体要求如下：

（1）具有正常走时的基本功能。

（2）具有校时功能（只进行分、时的校时）。

（3）秒信号产生电路采用石英晶体构成的振荡器。

（4）写出设计步骤，画出设计的逻辑电路图。

（5）对设计的电路进行仿真、修改，使仿真结果达到设计要求。

（6）安装并测试电路的逻辑功能。

题目 9：循环彩灯控制电路的设计。

设计任务和要求：节日彩灯由采用不同色彩搭配方案的 16 路彩灯构成，有以下四种演示花形：

花形 1：16 路彩灯同时亮灭，亮、灭节拍交替进行。

花形 2：16 路彩灯每次 8 路灯亮，8 路灯灭，且亮、灭相间，交替亮灭。

花形 3：16 路彩灯先从左至右逐路点亮，到全亮后再从右至左逐路熄灭，循环演示。

花形 4：16 路彩灯分成左、右 8 路，左 8 路从左至右逐路点亮，右 8 路从右至左逐路点亮，到全亮后，左 8 路从右至左逐路熄灭，右 8 路从左至右逐路熄灭，循环演示。要求彩灯亮、灭一次的时间为 2 s，每 256 s 自动转换一种花形。花形转换的顺序为：花形 1、花形 2、花形 3、花形 4，演出过程循环演示。

题目 10：十字路口交通信号灯定时控制系统。

设计任务和要求：

(1) 主支干道交替通行，主干道每次放行 30 s，支干道每次放行 20 s。

(2) 每次绿灯变红灯时黄灯先亮 5 s。

(3) 要求主、支干道通行时间及黄灯亮的时间均由同一计数器以秒为单位作减计数。

(4) 黄灯亮时原红灯按 1 Hz 的频率闪烁。

(5) 计数器的状态由 LED 数码管显示。

题目 11：简易数字电压表。

设计任务和要求：

(1) 被测电压范围：0～+2 V。

(2) 测量精度：±0.5%(误差<±100 mV)。

(3) 具有过量程闪烁指示。

题目 12：多路智力竞赛抢答器逻辑电路设计。

设计任务和要求：

(1) 设计一个 8 人进行的抢答器。

(2) 系统设置复位按钮，按动后，重新开始抢答。

(3) 抢答器开始时数码管无显示，选手抢答实行优先锁存，优先抢答选手的编号一直保持到主持人将系统清除为止。抢答后显示优先抢答者序号，同时发出音响，并且不出现其他抢答者的序号。

(4) 抢答器具有定时抢答功能，且一次抢答的时间由主持人设定，本抢答器的时间设定为 60 s，当主持人启动"开始"开关后，定时器开始减计时，同时音乐盒有短暂的声响。

(5) 设定的抢答时间内，选手可以抢答，这时定时器停止工作，显示器上显示选手的号码和抢答时间，并保持到主持人按复位键。

(6) 当设定的时间到而无人抢答时，本次抢答无效，扬声器报警发出声音，并禁止抢答，定时器上显示 00。

题目 13：双钮电子锁。

设计任务和要求：

(1) 有两个按钮 A 和 B，开锁密码可自设，如"3 5 7 9"。

(2) 若按 B 钮，则门铃响(滴、嗒、……)。

(3) 开锁过程：按 3 下 A，按一下 B，则 3579 中的"3"即被输入；接着按 5 下 A，按一下 B，则输入"5"；依此类推，直到输入完"9"，按 B，则锁被打开——用发光管 KS 表示。

（4）报警：在输入 3、5、7、9 过程后，如果输入与密码不同，则报警，用发光管 BJ 表示，同时发出"嘟、嘟……"的报警声音；

（5）用一个开关表示关门（即闭锁）。

题目 14：多路防盗报警电路。

设计任务和要求：

（1）输入电压：DC12 V。

（2）输出信号：同时驱动 LED 和继电器。

（3）具有延时触发功能。

（4）具有显示报警地点功能。

（5）可以根据需要随时扩展报警路数。

题目 15：水位自动控制装置。

设计任务和要求：

（1）水位自动控制在一定范围内（如 2～6 m），当水位低至 2 m 时使电机启动，带动水泵上水；当水位升至 6 m 时，使电机停转。

（2）因特殊情况水位超限（如高至 7 m、低至 1 m），报警器报警。

（3）设有手动按键，便于随机控制。

（4）由数码管直观显示当前水位。

设计题目 16：出租汽车里程计价表。

设计任务和要求：

（1）不同情况具有不同的收费标准。白天、晚上、途中等待（超过 10 min 开始收费）。

（2）能进行手动修改单价。

（3）具有数据的复位功能。

（4）白天/晚上收费标准的转换开关，数据的清零开关，单价的调整，单价输出 2 位，路程输出 2 位，总金额输出 3 位。

（5）按键：启动计时开关，数据复位（清零）。白天/晚上转换。

题目 17：可预置的定时显示报警系统。

设计任务和要求：

（1）设计一个可任意预置定时时间（预置时间范围：1～99 s）的显示报警系统。系统能手动清零。

（2）要求电路从预置时间开始倒计时，倒计时至 0 s 时，电路发出报警。报警声持续 1 s。要求显示计时时间。

（3）定时时间预置可用拨码开关来实现。

（4）555 振荡器产生频率为 1 kHz 的脉冲信号，经多级分频产生周期为 1 s 的信号，作为计数器的时钟脉冲。

（5）系统清零信号脉冲用开关和基本 RS 触发器组成的电路产生。

题目 18：多路数据采集系统的设计。

设计任务和要求：

（1）本设计要求具有 8 路采样/保持（S/H）单元。

（2）将采样/保持单元获取的模拟量通过 A/D 转换成相应的数字量，再将经系统处理后的数字量通过 D/A 转换成模拟量送入输出滤波器，滤波器的输出用以控制需要控制的对象。

（3）由地址选通 S/H 电路通道。

（4）画出逻辑电路图，写出课程设计报告。

7.5　数字钟的电路设计

一、实验目的

（1）掌握组合逻辑电路、时序逻辑电路及数字逻辑电路系统的设计、安装、测试方法。

（2）进一步巩固所学的理论知识，提高运用所学知识分析和解决实际问题的能力。

（3）提高电路布局、布线及检查和排除故障的能力。

（4）熟悉集成电路的引脚安排，掌握各芯片的逻辑功能及使用方法，了解面包板结构及其接线方法。

二、设计任务和要求

（1）数字钟以一昼夜 24 小时为一个计数周期。

（2）具有"时"、"分"、"秒"数字显示。

（3）具有校时功能，分别进行时、分、秒的校正。

三、设计原理

数字钟的逻辑框图如图 7.5.1 所示。它由振荡器、分频器、计数器、显示器和校时电路组成，集成芯片构成的振荡电路产生的信号经过分频器作为秒脉冲，秒脉冲送入计数器，计数结果通过数码器显示时间。

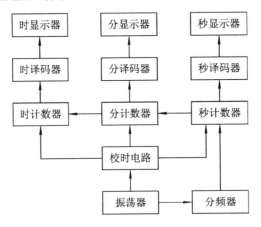

图 7.5.1　数字钟逻辑框图

1. 振荡器

振荡器是数字钟的核心，如图 7.5.2 所示。振荡器的稳定度及频率的精确度决定了数字钟计时的准确程度，通常选用石英晶体构成振荡器电路。石英晶体振荡器的作用是产生时间标准信号。因此，一般采用石英晶体振荡器经过分频得到这一时间脉冲信号。

振荡器采用 32 768 晶体振荡电路，其频率为 32 768 Hz，然后再经过 15 分频电路可得到标准的 1 Hz 的脉冲输出。R 的阻值，对于 TTL 门电路通常为 $0.7 \sim 2\ k\Omega$，对于 CMOS 门则通常为 $10 \sim 100\ M\Omega$。

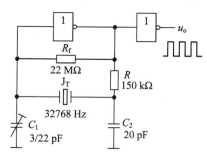

图 7.5.2　振荡器

2. 分频器

通常，数字钟的晶体振荡器输出频率较高，为了得到 1 Hz 的秒信号输入，需要对振荡器的输出信号进行分频。

分频器的功能主要有两个：一个是产生标准脉冲信号；二是提供功能扩展电路所需要的信号。这里所采用的分频电路也是由 3 个中规模计数器 74LS90N 构成的 3 级 1/10 分频。其电路如图 7.5.3 所示。

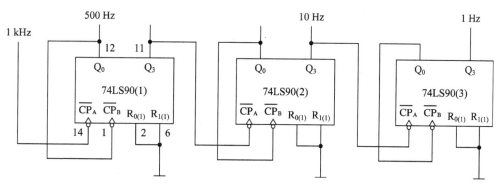

图 7.5.3　分频器

3. 计数器

分、秒计数器都是模 $M=60$ 的计数器，其计数规律为 $00-01-02-\cdots-58-59-00$，选择二、五、十进制计数器 74LS90，再将它们级联组成模数 $M=60$ 的计数器。

时计数器是一个 12 翻转 1 的特殊进制计数器，即当数字钟计到 12 时 59 分 59 秒时，秒的个位计数器再输入一个脉冲时，数字钟应自动显示为 01 时 00 分 00 秒，实现日常生活中习惯用的计时规律，选择二、五、十进制计数器 74LS90 级联组成。

显示"时"、"分"、"秒"需要六片中规模计数器；"秒"计数器电路与"分"计数器电路都是六十进制，它由一级十进制计数器和一级六进制计数器连接构成。如图 7.5.4 所示是采用两片中规模集成电路 74LS90 串联起来构成的"秒"、"分"计数器。其中，"秒"十位是六进制，"秒"个位是十进制。

秒脉冲信号经过 6 级计数器，分别得到"秒"个位、十位、"分"个位、十位以及"时"个位、十位的计时。"秒""分"计数器为六十进制，小时为十二进制。

4. 译码驱动及显示单元电路

译码电路的功能是将"秒"、"分"、"时"计数器的输出代码进行翻译，变成相应的数字。用于驱动 LED 七段数码管的译码器常用的有 74LS48。74LS48 是 BCD-7 段译码器/驱动器，其输出是 OC 门输出且低电平有效，专用于驱动 LED 七段共阳极显示数码管，如图 7.5.4 所示。若将"秒"、"分"、"时"计数器的每位输出分别接到相应七段译码器的输入端，便可进行不同数字的显示。

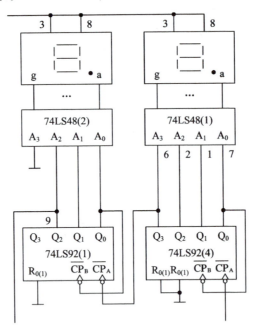

图 7.5.4　计数译码显示

5. 校时电路

当数字钟接通电源或计时出现错误时，需要校正时间，校时是数字钟应具备的基本功能，一般的电子手表都具有时、分、秒校时功能。为使电路简单，这里只进行分和时的校时。

对校时电路的要求是，在小时校正时不影响分和秒的正常计数；在分校时不影响秒和小时的正常计数。校时方式有"快校时"和"慢校时"两种，"快校时"是通过开关控制，使计数器对 1 Hz 的校时脉冲计数。"慢校时"是用手动产生单次脉冲作校时脉冲。图 7.5.5 为校"时""分"电路。其中，S_1 为校"分"用的控制开关，S_2 为校"时"用的控制开关，其控制功能如表 7.5.1 所示。

表 7.5.1　校时控制功能表

S_1	S_2	功能
1	1	计数
1	0	校分
0	1	校时

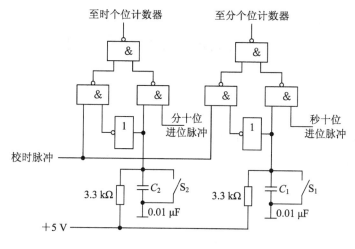

图 7.5.5　校时电路

四、实验所用器件和仪表

（1）集成块 74LS00、74LS04、74LS90、74LS48、555 等；

（2）晶振、数码管；

（3）电阻、电容；

（4）面包板、电路板、万用表。

五、整体电路设计步骤及注意事项

振荡器产生的 1000 Hz 的高频信号经过由 3 片 74LS90 构成的 1/1000 分频的分频器后得到标准的秒脉冲信号，进入六十进制的"秒"计时，"秒"的分位进入六十进制的"分"计时，最后由分的"时"进位进入二十四进制的"时"计时。

在电路中，还有由门电路和开关构成的校时电路对电路的"时""分"进行校时，得到正确的时间。

振荡器是数字钟的核心。振荡器的稳定度及频率的精确度决定了数字钟计时的准确程度，通常选用石英晶体构成振荡器电路。一般来说，振荡器的频率越高，计时器的精度越高。

级联时如果出现时序配合不同步，或尖锋脉冲干扰引起了逻辑混乱，可以增加多级逻辑门来延时。如果显示字符变化很快，模糊不清，可能是由于电源电流的跳变引起的，可在集成电路器件的电源端 U_{cc} 加去耦滤波电容。通常用几十微法的大电容与小电容相并联。

六、总结与思考

（1）根据原理提供几种方案仿真并比较优劣。

（2）安装调试、测试。

（3）撰写设计报告、调试总结报告。

7.6 函数发生器的电路设计

一、实验目的

（1）了解各种函数波形发生器的原理及设计方法。

（2）利用集成运放、RC 振荡电路产生正弦波、方波、三角波等函数。

二、设计任务与要求

（1）具有产生正弦波、方波、三角波三种周期性波形的功能。

（2）输出频率范围：$1 \sim 10$ Hz，$10 \sim 100$ Hz。

（3）输出电压的峰峰值：方波 $U_{pp} \leqslant 24$ V；三角波 $U_{pp} = 8$ V；正弦波 $U_{pp} > 24$ V。

（4）波形特性：方波的上升时间 $t_r < 30$ μs；三角波的非线性失真系数 $\gamma_{\triangle} < 2\%$；正弦波的非线性失真 $\gamma_\sim < 5\%$。

三、工作原理

产生方波、三角波、正弦波的方案有很多，本实验通过由运放构成的 RC 正弦振荡器振荡产生正弦波，其中运放所需电压由外界提供；其次，将振荡器所产生的正弦信号通过过零比较器，得到方波信号；最后，方波再通过积分运算器，产生三角波。设计方案如图 7.6.1 所示。

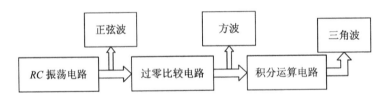

图 7.6.1 设计方案

1. 正弦波发生电路

由运放构成的 RC 正弦波振荡电路如图 7.6.2 所示，其中 $R_1 C_1$ 与 $R_2 C_2$ 形成正反馈支路，若 $R_1 = R_2 = R$，$C_1 = C_2 = C$，则正弦振荡频率

$$f_0 = \frac{1}{2\pi RC}$$

RC 正弦波振荡电路的起振条件为：

$$2 < \frac{R_{V1}}{R_3} < 4$$

为了减小放大电路对选频特性的影响，通常选用的放大电路应具有尽可能大的输入电阻和尽可能小的输出电阻。

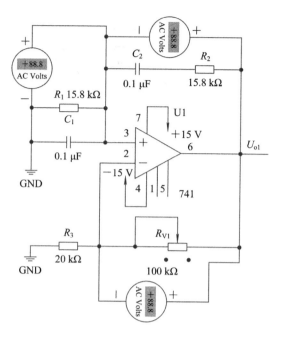

图 7.6.2　RC 桥式振荡电路

2. 方波发生电路

过零比较器是单门限电压比较器的一种特殊情况，即比较的参考电压为"0"。本电路中过零比较器也是由运放构成的，如图 7.6.3 所示。

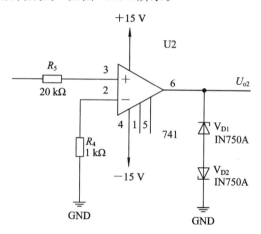

图 7.6.3　过零比较电路

过零比较电路的集成电压工作在开环状态，它的输出电压为 $+U$ 或者 $-U$。此过零比较器的门限电压为"0"，所以当输入电压 U_{o1} 小于 0 时输出电压 U_{o2} 为 $+U$，当输入电压 U_{o1} 大于 0 时输出电压 U_{o2} 跳变为 $-U$，于是形成了方波。为了获得合适的输出电压高低电平，在集成运放的输出端加上了由二极管构成的稳压限幅电路。

3. 产生三角波

将方波输出电路输出的方波接入到三角波发生电路的运放数据端，并连接 RC 积分电路，输出得到三角波。具体的积分电路如图 7.6.4 所示。

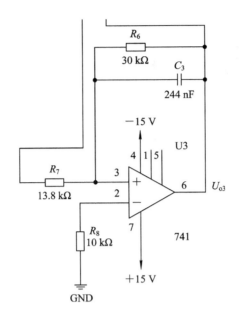

图 7.6.4　积分电路

积分电路的输出电压为

$$U_{o3} = \left(\frac{-1}{R_7 C_3}\right)\int U_{o2}\,\mathrm{d}t$$

式中，$R_7 C_3$ 为积分时间常数。

四、实验器材

用集成运放 741、电阻、电容、二极管等元器件构建 RC 振荡电路、比较器和积分电路，从而构建函数发生器。

五、整体电路设计步骤及注意事项

（1）利用 RC 桥式正弦波振荡电路来产生正弦波信号。图中 R_{V1} 可以调节所产生正弦波信号的波形幅度，R_1、R_2 和 C_1、C_2 可以用来调整正弦波的频率，当 $R_{V1}/R_3 > 2$ 时电路才能自激起振。

（2）将正弦波信号经过一个过零比较电路，输出了方波。

过零比较器的门限电压为 0 V，集成运放工作在开环状态，为了满足负载的需要，在集成运放电路输出端加上由 V_{D1}、V_{D2} 构成的稳压管限幅电路，从而获得合适的高低电平输出。其中，当输入电压 U_{o1} 小于 0 时，信号输出电压为 $+U$ 并暂时保持不变，而当输入电压 U_{o1} 逐渐上升到刚刚大于 0 时，信号输出电压突变为 $-U$ 并暂时保持不变，直到输入电压重新减小到小于 0 时再发生突变，所以输出信号波形成了方波。

（3）利用电容充放电的原理，将方波信号通过积分电路，使之输出三角波信号。当方波的输出信号 U_{o2} 大于 0 时，积分运算电路的输出电压 U_{o3} 逐渐线性减小。当方波的输出信号 U_{o2} 小于 0 时，积分运算电路的输出电压 U_{o3} 逐渐线性增大。在此上升与下降过程中，即可得出输出波波形为三角波。

（4）将各个输出信号接入示波器，调试电路，输出需要的合适的波形，如图 7.6.5 所示。整个实验设计过程可用 Multisim 软件实现。

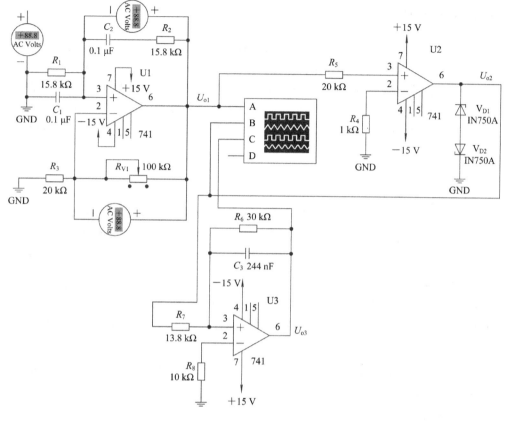

图 7.6.5 整体电路

（5）注意事项：

① R_7 和 C_3 为积分时间常数，输出电压大小与它们相关；

② 为限制电路的低频电压增益，可将反馈电容 C_3 与一电阻 R_6 并联，当输入频率 $f_0 = -1/(2\pi R_6 C_3)$ 时，电路为积分器；

③ 若输入频率远低于 f_0，则电路近似一个反相器，导致输出波形失真。

六、实验总结及思考

（1）整理实验结果。

（2）提出电路改进意见，或提出其他电路设计方案。

（3）分析实验中遇到的问题，写出心得体会。

7.7 简易数显抢答器的设计

一、实验目的

（1）学习抢答电路的几种实现方法。

（2）学习相应元器件的管脚排列和面包板的使用布线技巧。

（3）培养系统观念，学习故障排查方法，熟悉单元电路的调试。

二、设计任务和要求

设计、制作一个能够实现以下功能的五路抢答器：

（1）输入为五个抢答开关、一个复位开关，抢答结果由 LED 数码管显示。

（2）当无人抢答时，LED 数码管应显示为 0；当某人抢答按下某个开关时，其输出应显示相应的抢答者的位置编号并保持锁存，且对于后续抢答者的抢答请求不予反应。

（3）下一轮抢答开始时，裁判能够通过按键实现解锁，解锁后电路恢复允许抢答状态，进行下一轮抢答。

三、设计原理

抢答器电路设计方案很多，有用简单的分立电路设计的，有用复杂可编程逻辑电路设计的，有用单片机设计制作的，也有用可编程控制器完成的。而有些实际竞赛的场合，只要满足显示抢答有效和有效组别即可，电路一般包括编码、优先锁存、译码显示及解锁等功能。

1. 编码电路

编码电路主要用于依据抢答者的抢答情况，对其进行编码，以产生满足显示电路所需要的对应于抢答者序号的十进制编码。所设计的电路必须存在抢答开关阵列才能实现抢答功能。

2. 锁存电路

锁存电路主要用于对抢答者的抢答信息进行锁存，以使抢答器在响应某个抢答请求后，对后续抢答者的抢答请求不予反应。

3. 解锁电路

解锁电路主要用于在本轮抢答后，主持人解除本轮抢答信息，以便能够进入下一轮抢答。

4. 抢答者序号显示电路

抢答者序号显示电路中必须存在能够显示抢答结果的 LED 数码管，该数码管在抢答结束后，应当立即显示对应的抢答结果。抢答器复位后，该数码管显示为“0”，以表明当前状态为待抢答状态。

抢答者序号显示电路主要由译码驱动电路及数码显示电路组成，在实际电路设计过程中，译码驱动电路一般可以直接使用专用数字集成电路，而数码显示电路一般使用七段 LED 数码管。

本设计使用一个七段显示译码器 CD4511，是一种与共阴极数字显示器配合使用的集成显示译码，显示方式简单、价格低廉、经济实用的抢答器，在要求不高的场合，能完全满足需要。

1）CD4511 的引脚

CD4511 具有锁存、译码、消隐功能，通常以反相器作输出级驱动 LED。其引脚图如7.7.1 所示。其中，7、1、2、6 脚分别表示译码输入 A、B、C、D；5、4、3 脚分别表示 LE、BI、LT；13、12、11、10、9、15、14 脚分别表示显示输出 a、b、c、d、e、f、g。左边的引脚表示输入，右边的引脚表示输出，还有两个引脚 8、16 分别表示的是 VDD、VSS。

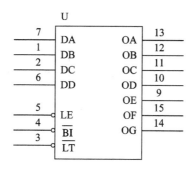

图 7.7.1　芯片 CD4511 引脚图

2) CD4511 的功能

CD4511 是一个用于驱动共阴极 LED（数码管）显示器的 BCD 码—七段码译码器，芯片具有 BCD 转换、消隐和锁存控制功能，七段译码及驱动功能的 CMOS 电路能提供较大的拉电流，可直接驱动 LED 显示器。

CD4511 的功能如下：

BI：4 脚是消隐输入控制端，当 BI＝0 时，不管其他输入端状态如何，七段数码管均处于熄灭（消隐）状态，不显示数字，因此此时可以清除锁存器内的数值，即可使用为复位端。

LT：3 脚是测试输入端，当 BI＝1，LT＝0 时，译码输出全为 1，不管输入 $DCBA$ 状态如何，七段均发亮，显示"8"。它主要用来检测数码管是否损坏。

LE：锁定控制端，当 LE＝0 时，允许译码输出。LE＝1 时译码器是锁定保持状态，译码器输出被保持在 LE＝0 时的数值。

D、C、B、A：8421BCD 码输入端。

a、b、c、d、e、f、g：译码输出端，输出为高电平 1 有效。CD4511 的内部有上拉电阻，在输入端与数码管笔段端接上限流电阻就可工作。

3) CD4511 的工作真值表

CD4511 的工作真值表如表 7.7.1 所示。

表 7.7.1　CD4511 工作真值表

输　　　入							输　　　出							
LE	BI	LT	D	C	B	A	a	b	c	d	e	f	g	显示
×	×	0	×	×	×	×	1	1	1	1	1	1	1	8
×	0	1	×	×	×	×	0	0	0	0	0	0	0	消隐
0	1	1	0	0	0	0	1	1	1	1	1	1	0	0
0	1	1	0	0	0	1	0	1	1	0	0	0	0	1
0	1	1	0	0	1	0	1	1	0	1	1	0	1	2
0	1	1	0	0	1	1	1	1	1	1	0	0	1	3
0	1	1	0	1	0	0	0	1	1	0	0	1	1	4
0	1	1	0	1	0	1	1	0	1	1	0	1	1	5
0	1	1	0	1	1	0	0	0	1	1	1	1	1	6
0	1	1	0	1	1	1	1	1	1	0	0	0	0	7

输　　入							输　　出							
0	1	1	1	0	0	0	1	1	1	1	1	1	1	8
0	1	1	1	0	0	1	1	1	1	0	0	1	1	9
0	1	1	1	0	1	0	0	0	0	0	0	0	0	消隐
0	1	1	1	0	1	1	0	0	0	0	0	0	0	消隐
0	1	1	1	1	0	0	0	0	0	0	0	0	0	消隐
0	1	1	1	1	0	1	0	0	0	0	0	0	0	消隐
0	1	1	1	1	1	0	0	0	0	0	0	0	0	消隐
0	1	1	1	1	1	1	0	0	0	0	0	0	0	消隐
1	1	1	×	×	×	×	锁　　存							锁存

四、实验器材

（1）元器件：CD4511、二极管、IN4148、三极管（9014）、LED 共阴极数码管、小型按钮开关及电阻电容等；

（2）面包板、连接线、电源、万用表等。

五、整体电路设计步骤及注意事项

1. 电路设计图

抢答器电路设计图如图 7.7.2 所示。

2. 工作原理

抢答数显电路：$S_1 \sim S_5$ 五个按钮开关组成抢答键。$V_{D1} \sim V_{D7}$ 七个二极管组成编码器，将抢答键按对应的 BCD 码进行编码，并将所得的高电平加在 CD4511 所对应的输入端。CD4511 是一块集 BCD 一七段锁存/译码/驱动电路于一体的集成电路。CD4511 的 1、2、6、7 脚为 BCD 码输入端，9～15 脚为显示输出端。

由 CD4511 的引脚图可知，6 、2 、1 、7 脚分别代表 BCD 码的 8、4、2、1 位。按下对应的键，即可得到 0001、0010、0011、0100、0101 五个一系列的 BCD 码。高电平加在 CD4511 对应的输入端上，便可以由其内部电路译码为十进制数在数码管上显示出 1～5。

优先锁存电路由两个二极管（V_{D13}、V_{D14}）、一个三极管（V）、两个电阻及 CD4511 的锁存允许端（LE）构成。在初始状态或复位后的状态，CD4511 输入端都与一个电阻（10 kΩ）串联接地，所以此时 BCD 码输入端为"0000"，则 CD4511 输出端 a、b、c、d、e、f 均为高电平，g 为低电平，且数码显示为"0"。而当输出端 d 为高电平，三极管（V）导通及输出端 g 为低电平时，V_{D13}、V_{D14} 的正极均为低电平，使 CD4511 的 LE 端为低电平"0"，可见，此时没有锁存即允许 BCD 码输入。而当任一抢答键按下时，由数码显示可知，CD4511 输出端 d 输出为低电平或输出端 g 输出为高电平，两个状态必有一个存在或者都存在，迫使 CD4511 的 LE 端由"0"→"1"，即将首先输入的 BCD 码显示的数字锁存并保持。此时，其他按键编码将无法输入，从而达到了锁存的目的。

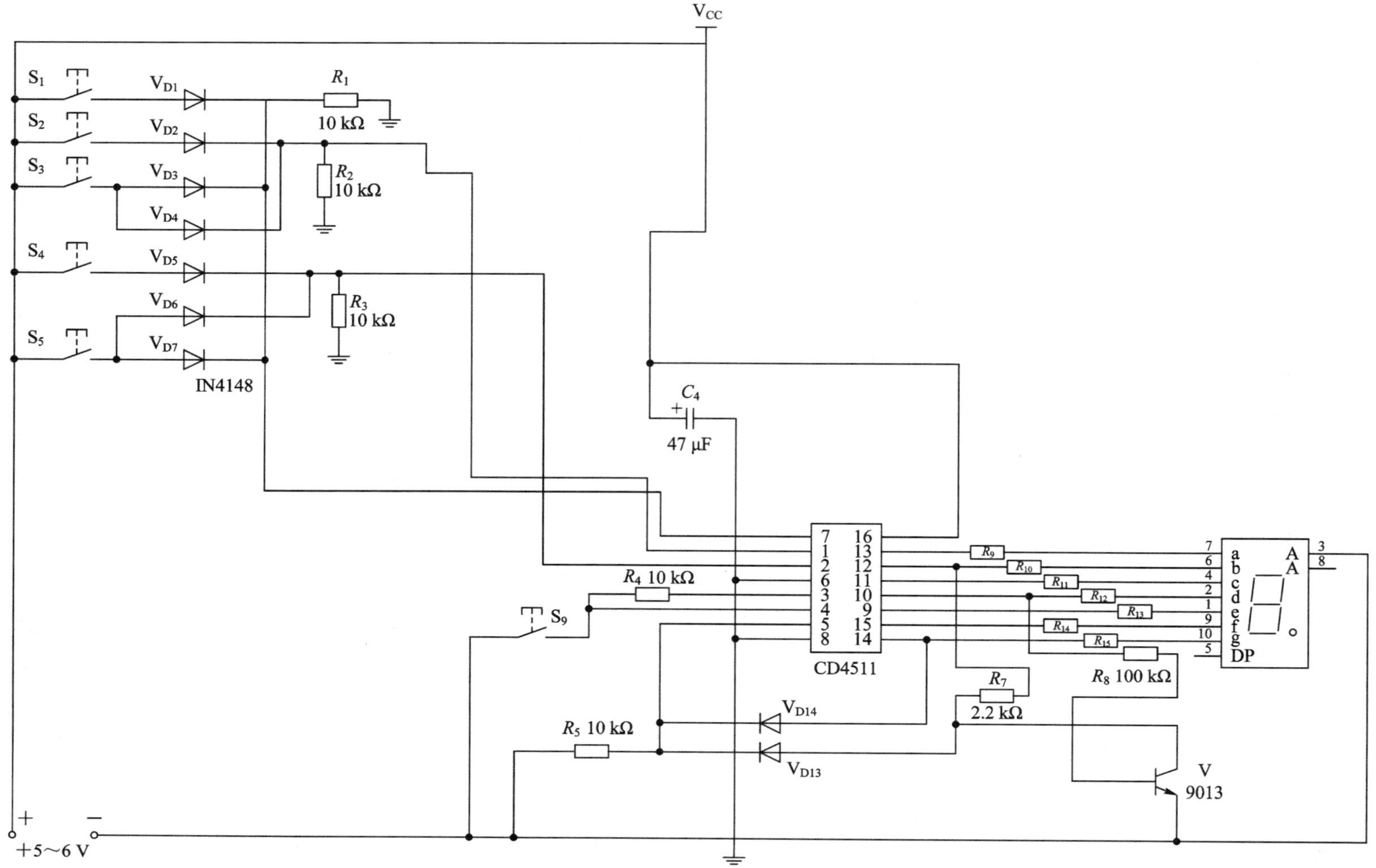

图7.7.2 抢答器电路设计图

3. 元件清单

元件清单如表 7.7.2 所示。

表 7.7.2　元件清单

序号	元件名称	型号与规格	单位	数量
1	电阻	$R_1 \sim R_5$　　10 kΩ	只	5
3	电阻	R_7　　2.2 kΩ	只	1
4	电阻	R_8　　100 kΩ	只	1
6	电阻	$R_9 \sim R_{12}$　　330 Ω $R_{13} \sim R_{15}$　　300 Ω	只	7
7	电解电容	C_4　　47 μF	只	1
8	二极管	$V_{D1} \sim V_{D7}$	只	9
		V_{D13}　V_{D14}	只	
9	数码管	DS	只	1
10	三极管	V　　9013	只	1
11	开关	$S_1 \sim S_9$	只	6
12	集成电路	U1　　4511	只	1
13	线路板	面包板	只	2

六、实验总结与思考

（1）整理实验结果。

（2）提出电路改进意见，如果改为多路抢答，则提出其他电路设计方案。

（3）分析实验中遇到的问题，写出心得体会。

7.8　电流电压转换电路设计

一、实验目的

（1）掌握工业控制中标准电流信号转换成电压信号的电流/电压变换器的设计与调试。

（2）掌握实际制作电路的能力。

（3）熟悉元件的性能指标。

二、设计任务和要求

（1）将 4～20 mA 的电流信号转换成±10 V 的电压信号，以便送入计算机进行处理。这种转换电路以 4 mA 为满量程的 0% 对应－10 V，12 mA 为 50% 对应 0 V，20 mA 为 100% 对应＋10 V。

（2）用桥式整流电容滤波集成稳压块电路设计电路所需的正负直流电源（±12 V）。

（3）画出电路实际接法并制作调试。

三、工作原理

1. 直流源四个组成部分分析

（1）电源变压器。由于要产生 ±12 V 的电压，所以在选择变压器时变压后副边电压 u_2 应大于 24 V，现有的器材可选变压后副边电压 u_2 为 15 V 的变压器。

（2）整流电路。桥式整流电路巧妙地利用了二极管的单向导电性，将四个二极管分为两组，根据变压器副边电压的极性分别导通，将变压器副边电压的正极性端与负载电阻的上端相连，负极性端与负载电阻的下端相连，使负载上始终可以得到一个单方向的脉动电压。

（3）滤波电路。滤波电容容量较大，一般采用电解电容器。电容滤波电路利用电容的充放电作用，使输出电压趋于平滑。

（4）稳压电路。三端式稳压器由启动电路、基准电压电路、取样比较放大电路、调整电路和保护电路等部分组成。调整管决定输出电压值。由于本电路设计要求 ±12 V 的输出电压，所以这里选用 7812 和 7912 的三端稳压管。

2. 电流转换电压电路设计

先将电流信号转换成电压信号，可以在集成运放引入电压并联负反馈，从而达到电流－电压转换。然后将 4～20 mA 的电流信号转换成 ±10 V 的电压信号，设计一个第一级增益为 1 的差动输入电路，4～20 mA 的电流信号转换成 −2～−10 V，设计第二级增益为 2.5 的电路，量程由 8 V 变成 20 V，第二级电路采用反相加法器，在反相输入端加入一个 +6 V 的直流电压，当信号是中间点时，输出刚好为 0。

四、实验器材

（1）示波器、数字万用表、多路稳压电源；

（2）多圈电位器电阻、导线；

（3）集成稳压、集成运放。

五、整体电路设计步骤及注意事项

本实验有两个设计要求：其一，将 4～20 mA 的电流信号转换成为 ±10 V 的电压信号；其二，用桥式整流电容滤波集成稳压块电路设计电路所需的 ±12 V 直流电源。通过对各元器件参数的计算及电路的组合分析可初步设计出原理图。

电流转换电压电路如图 7.8.1 所示。

图 7.8.1 中，A_1 运放采用差动输入，其转换电压用电阻 R_1 两端接电流环两端，阻值采用 500 Ω，可由两只 1 kΩ 电阻并联实现。这样输入电流 4 mA 对应电压 2 V，输入电流 20 mA 对应电压 10 V。A_1 设计增益为 1，对应输出电压为 −2～−10 V。故要求电阻 R_2、R_3、R_4 和 $R_5 + R_w$ 阻值相等。这里选 $R_2 = R_3 = R_4 = 10$ kΩ，选 $R_5 = 9.1$ kΩ，$R_{w1} = 2$ kΩ。R_{w1} 是用于调整由于电阻元件不对称造成的误差，使输出电压对应在 −2～−10 V，变化范围为 −2 V−（−10 V）＝8 V。而最终输出应为 −10～+10 V，变化范围为 10 V−（−10 V）＝

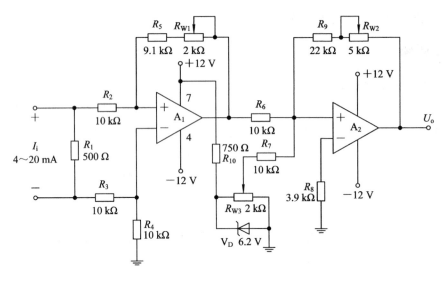

图 7.8.1　电流转换电压电路

20 V，故 A_2 级增益为 20 V/8 V＝2.5 倍。当输入电流为 12 mA 时，A_1 输出电压为 $-12 \text{ mA} \times 0.5 \text{ mA} = -6 \text{ V}$，此时要求 A_2 输出为 0 V。故在 A_2 反相输入端加入一个 +6 V 的直流电压，使 A_2 输出为 0。A_2 运放采用反相加法器，增益为 2.5 倍。取 $R_6 = R_7 = 10 \text{ k}\Omega$，$R_9 = 22 \text{ k}\Omega$，$R_{W2} = 5 \text{ k}\Omega$，$R_8 = R_6 /\!/ R_7 /\!/ R_9 = 4 \text{ k}\Omega$，取标称值 $R_8 = 3.9 \text{ k}\Omega$。反相加法器引入电压为 6 V，通过稳压管经电阻分压取得。稳压管可选稳定电压为 6～8 V 的系列。这里取 6V2，稳定电压为 6.2 V。工作电流定在 5 mA 左右。

R_{W2} 用于设置改变增益或变换的斜率（4 mA 为 -10 V，20 mA 为 +10 V），通过调整 R_{W2} 使变换电路输出满足设计要求。

正负电源电路设计分为四个部分，分别为电源变压器、整流电路、滤波电路和稳压电路。分别设计出其四个部分的电路图，再经过组合得到其总原理图如图 7.8.2 所示。

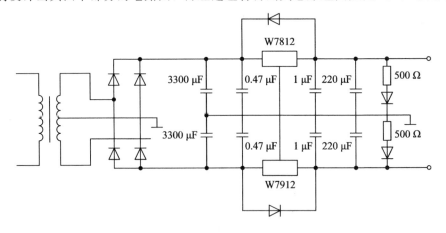

图 7.8.2　电源设计

将变压器插头插至 220 V 交流电后，开始测变压器的副边电压 U_2 及滤波输出电压 U_1、U_2 以及稳压管输入电压 U_{i1} 和 U_{i2}，最后测试 U_{o1} 和 U_{o2}。这几个步骤应按顺序进行，若其中某一个步骤出现问题，应及时停下进程，切断电源，查找和想办法排解故障。

在制作过程中应注意以下几点：

（1）大电解电容的正负极不能接反；

（2）$\mu A741$ 的各管脚不能接错；

（3）三端稳压管三个端的作用一定要分清；

（4）焊时拉线要直，焊点应均匀。

六、实验总结与思考

（1）A_1 运放构成差动输入，若将同相端与反相端对调，可行吗？若可行，试给出相应的变换电路。

（2）本实验电路可改为电压-电流转换电路吗？试分析并画出电路图。

（3）按本实验思路设计一个电压-电流转换电路，将 $\pm 10\ V$ 电压转换成 $4\sim 20\ mA$ 电流信号。

参 考 文 献

[1] 张廷锋，李春茂. 电工学实践教程. 北京：清华大学出版社，2005

[2] 马楚仪. 数字电子技术实验. 广州：华南理工大学出版社，2005

[3] 秦曾煌. 电工学. 5 版. 北京：高等教育出版社，1999

[4] 童诗白. 模拟电子技术基础. 北京：高等教育出版社，2006

[5] 邱关源. 电路. 北京：高等教育出版社，1999

[6] 阎石. 数字电子技术基础. 5 版. 北京：高等教育出版社，2005

[7] 吕念玲. 电工电子基础工程实践. 北京：机械工业出版社，2007

[8] 李春茂. 电工技术. 北京：科学技术文献出版社，2003

[9] 李春茂. 电子技术. 北京：科学技术文献出版社，2004

[10] 殷瑞祥，樊利民. 电气控制. 广州：华南理工大学出版社，2004

[11] 董宏伟. 数字电子技术实验指导书. 北京：中国电力出版社，2010

[12] 高吉祥. 电子技术基础实验与课程设计. 北京：电子工业出版社，2005

[13] 黄平，王伟，周广涛. 基于 Quartus Ⅱ 的 FPGA/CPLD 数字系统设计与应用. 北京：电子工业出版社，2014

[14] 西门子(中国)有限公司自动化与驱动集团. 深入浅出：西门子 S7 - 200 PLC. 3 版. 北京：北京航空航天大学出版社，2007

[15] 张新喜，许军，王新忠，等. Multisim 10 电路仿真及应用. 北京：机械工业出版社，2011

[16] 董平. 电子技术实验. 北京：电子工业出版社，2003